CHIMIE ÉLÉMENTAIRE

(MÉTALLOÏDES)

À L'USAGE DES ÉLÈVES
DE LA
CLASSE DE QUATRIÈME B

PAR

J. BASIN
PROFESSEUR AGRÉGÉ AU LYCÉE DE LILLE

ONZIÈME ÉDITION
REFONDUE
et conforme au programme du 4 mai 1912.

PARIS
LIBRAIRIE VUIBERT
63, BOULEVARD SAINT-GERMAIN, 63

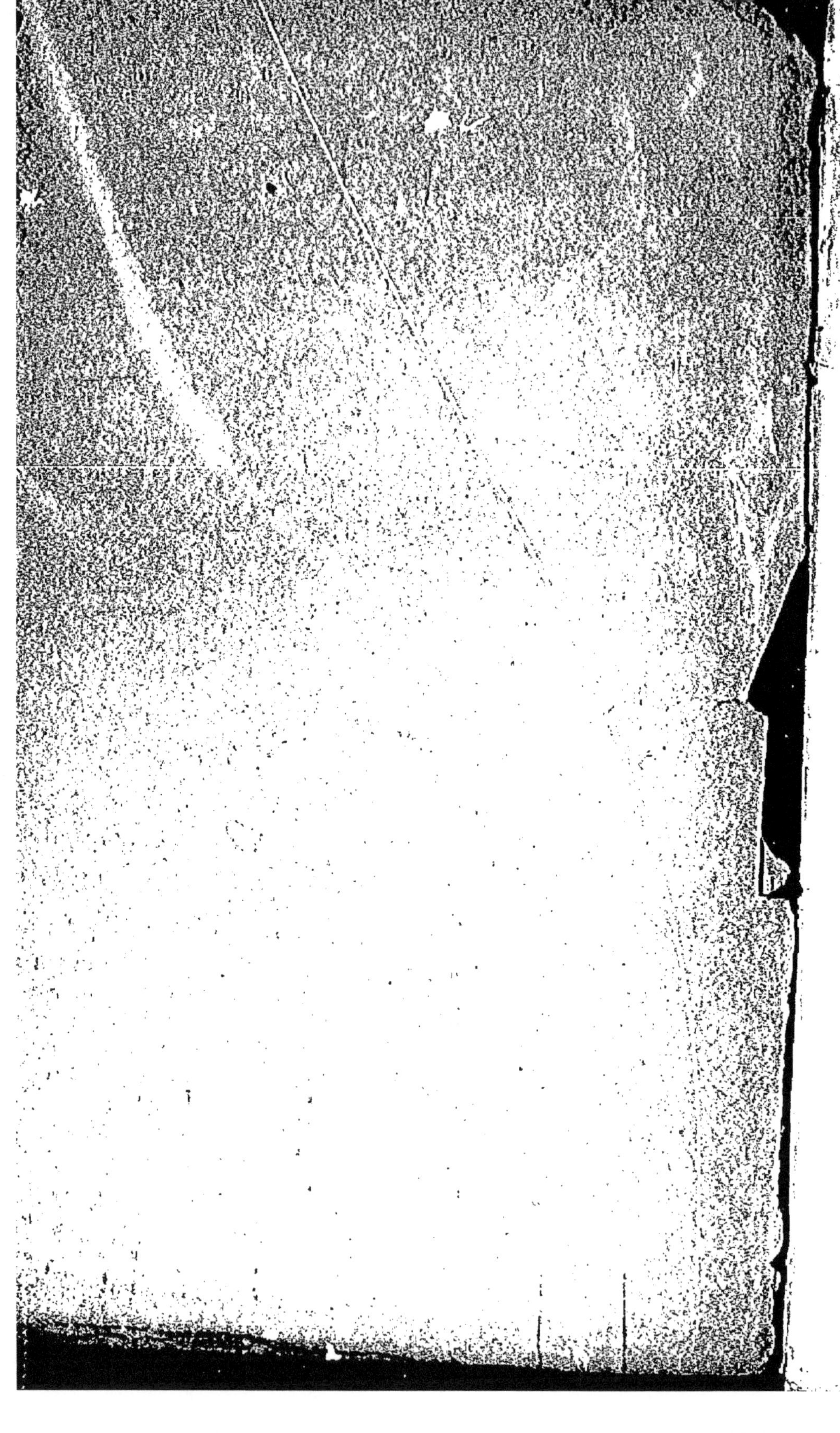

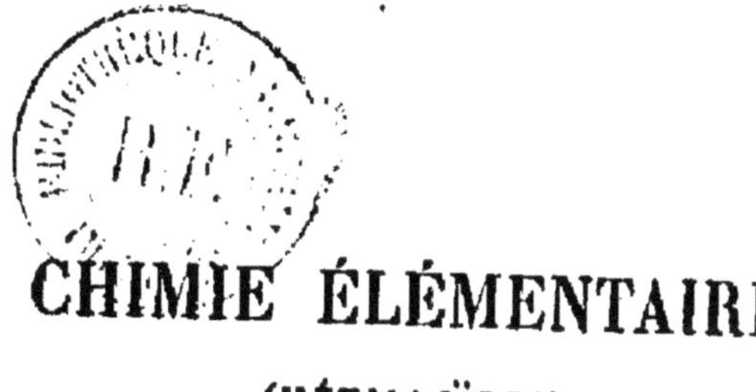

CHIMIE ÉLÉMENTAIRE

(MÉTALLOÏDES)

DU MÊME AUTEUR

Volumes 19/13cm, brochés et cartonnés toile.

Physique et Chimie élémentaires (1er Cycle, Division B) :

	Br.	Cart.
Physique élémentaire (cl. de 4e B).	1 50	» »
Chimie élémentaire (cl. de 4e B).	1 25	» »
Les deux parties réunies.	» »	2 50
Physique élémentaire (cl. de 3e B).	1 50	» »
Chimie élémentaire (cl. de 3e B).	1 25	» »
Les deux parties réunies.	» »	2 50
Physique élémentaire (cl. de 4e et 3e B).	» »	3 »
Chimie élémentaire (cl. de 4e et 3e B).	» »	2 25

Physique et Chimie (2e Cycle, Sections scientifiques) :

	Br.	Cart.
Physique (cl. de Seconde C et D).	2 50	3 »
— (cl. de Première C et D).	3 50	4 »
— (cl. de Mathématiques A et B).	3 »	3 50
Chimie (cl. de Seconde C et D).	1 80	2 25
— (cl. de Première C et D).	1 90	2 40
— (cl. de Mathématiques A et B).	2 50	3 »

Éléments de Physique et de Chimie (2e Cycle, Sect. littéraires) :

		Br.	Cart.
Éléments de Physique (cl. de 2e A et B). . . .	Progr. de 1902	1 60	2 »
— — (cl. de 1re A et B). . . .	Progr. de 1902	1 50	1 90
— — (cl. de Philos A et B). .	Progr. de 1902	3 »	3 50
Éléments de Chimie (cl. de Philos. A et B).		3 »	3 50

Les ouvrages suivants de M. Basin, qui répondaient aux programmes du 15 juin 1891 pour l'enseignement moderne (mais avec des compléments), continueront à être réimprimés, à cause du large emploi qui en est fait en dehors de l'enseignement secondaire.

	Br.	Cart.
Leçons de Chimie. — Un fort vol. 19/13cm.	8 »	8 50
On vend séparément :		
Métalloïdes (14e édit.) : classe de 3e moderne. . . .	2 50	3 »
Métaux (13e édit.) : classe de 2e moderne.	2 »	2 50
Chimie générale, Chimie organique, Analyse chimique (10e édition) : classe de Première-Sciences.	3 50	4 »
Leçons de Physique. — 3 vol. 19/13cm, ensemble. . .	10 »	10 50
On vend séparément :		
Pesanteur, Hydrostatique, Chaleur (11e édit.) : classe de 3e moderne.	2 50	3 »
Acoustique, Optique, Electricité et Magnétisme (11e édition) : classe de Seconde moderne. . . .	3 »	3 50
Compléments (3e édit.) : cl. de Première-Sciences. .	5 »	5 50
La partie *Electricité* seule, extraite du précédent volume.	3 »	» »

CHIMIE ÉLÉMENTAIRE

(MÉTALLOÏDES)

A L'USAGE DES ÉLÈVES

DE LA

CLASSE DE QUATRIÈME B

PAR

J. BASIN

PROFESSEUR AGRÉGÉ AU LYCÉE DE LILLE

ONZIÈME ÉDITION

REFONDUE

et conforme au programme du 4 mai 1912

PARIS

LIBRAIRIE VUIBERT

63, Boulevard Saint-Germain, 63

PROGRAMME OFFICIEL

Divers états de la matière ; exemples familiers.

Eau pure : analyse, synthèse.

Hydrogène.

Oxygène.

Air. — Expérience de Lavoisier.

Azote.

Électrolyse du chlorure de sodium : chlore, sodium, soude caustique ; chlorures décolorants.

Acide chlorhydrique ; chlorures.

Ammoniaque.

Corps simples : métalloïdes, métaux. Corps composés : invariabilité de leur composition.

Symboles, notation atomique, formules.

Soufre, acide sulfurique, acide sulfhydrique.

Acide azotique.

Combustibles naturels et artificiels. — Carbone.

Anhydride carbonique. — Oxyde de carbone.

CHIMIE ÉLÉMENTAIRE

MÉTALLOÏDES

CHAPITRE I

DIVERS ÉTATS DES CORPS

1. Solides, liquides et gaz. — Les corps peuvent se classer en *solides*, *liquides* et *gaz*.

1° Les corps *solides* (exemples : une pierre, un morceau de fer) ont une forme à eux et sont plus ou moins durs. Leurs différentes parties gardent, les unes par rapport aux autres, des positions fixes dont on ne peut les écarter sans un effort. Ainsi, il faut toujours une force appréciable pour briser une pierre ou rompre un fil de fer.

2° Les corps *liquides* (exemples : de l'eau, du mercure) n'ont pas de forme propre ; ils prennent celle des vases qui les contiennent, sauf à la partie supérieure, qui se termine par une surface libre horizontale. Leurs différentes parties peuvent glisser les unes sur les autres avec la plus grande facilité et obéissent sans résistance à la pesanteur. De même que les solides, ils ont un volume déterminé, que des pressions même considérables ne font varier que très peu.

3° Les *gaz*, ou corps gazeux (exemples : de l'air, du gaz

d'éclairage), sont plus difficiles à percevoir que les solides et les liquides. L'odorat permet parfois de constate leur présence (gaz d'éclairage). Le tact nous les manifeste quand ils sont en mouvement assez rapide (vent). Enfin, bien que beaucoup soient incolores, on peut les voir indirectement pour ainsi dire, en les faisant limiter par un liquide qui moule en quelque sorte leur surface : de l'air, par exemple, traverse de l'eau sous forme de bulles, ou

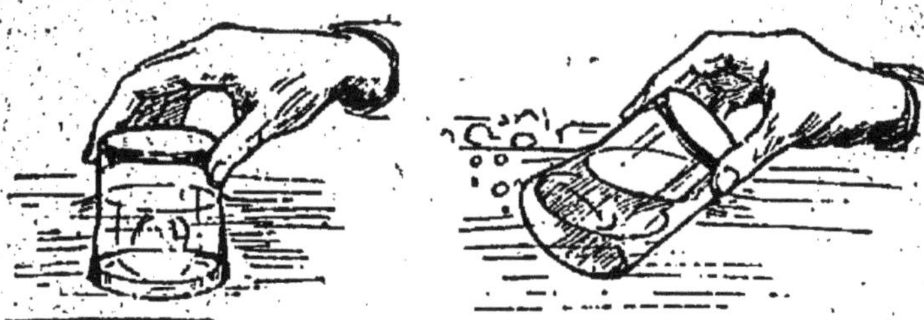

FIG. 1. — Manifestation de la présence d'un gaz.

remplit un verre renversé enfoncé dans l'eau en s'opposant à la montée de l'eau à l'intérieur (*fig.* 1).

Non seulement les diverses parties d'un gaz sont mobiles les unes par rapport aux autres (ce qui a lieu aussi pour les liquides, comme on l'a vu), mais encore elles se repoussent. Il en résulte qu'une quantité donnée de gaz introduite dans un vase quelconque finira par le remplir complètement. Mais on peut, inversement, réduire le volume d'une quantité de gaz donnée, la comprimer, sans effort considérable (pompe de bicyclette). A la différence des solides et des liquides, les gaz changent de volume avec une extrême facilité, se dilatent ou se compriment comme on veut.

REMARQUE. — La division des corps en solides, liquides et gaz permet d'indiquer d'un mot l'ensemble des propriétés dont un corps jouit en commun avec les autres corps du même groupe. Mais il ne faudrait pas croire que tous les corps présentent à un même degré les propriétés caractérisant l'un de ces groupes. Il y a, par exemple, entre les solides et les liquides, des corps *pâteux*, qui se déforment à la moindre pression, des sirops qui ne prennent que lentement la forme des vases qui les contiennent, etc. Malgré ce manque de limitation tranchée, cette classification est utile, parce que la majorité des corps rentrent nettement dans un des trois groupes.

2. Divers états d'un même corps. — Refroidissons de l'eau : elle se transforme en glace. Chauffons de la glace ou de la neige : ce solide deviendra de l'eau liquide, qui, si nous élevons suffisamment la température, prendra la forme d'un gaz transparent, se vaporisera (*fig.* 2). Cette vapeur, au sortir du ballon, se refroidira en se répandant dans l'air, se condensera en fines gouttelettes d'eau liquide, visibles sous forme d'une sorte de brouillard ou de nuage, qu'on appelle aussi vapeur dans le langage ordinaire, mais qu'il ne faut pas confondre avec la forme gazeuse.

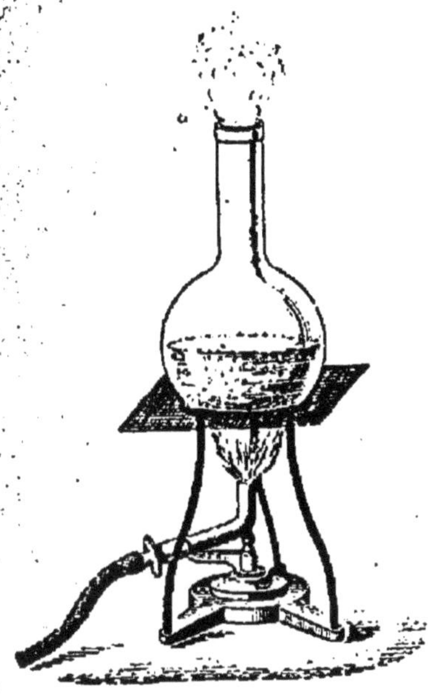

Fig. 2. — Vaporisation de l'eau.

Prenons du soufre et chauffons-le avec précaution dans un tube de terre : à un moment donné nous verrons se former une couche liquide qui coulera et s'accumulera au fond du tube; puis, sous l'influence de la chaleur, le soufre finira par se transformer en vapeurs. Inversement, les vapeurs de soufre, en se refroidissant, redonnent du soufre liquide, qui devient ensuite du soufre ordinaire.

Tous les corps peuvent, comme l'eau et le soufre, devenir successivement des solides, des liquides et des gaz, ou, comme l'on dit plutôt, passer par les états solide, liquide et gazeux. On peut amener, par exemple, les gaz à l'état liquide et à l'état solide. Ainsi l'air, l'air que nous respirons et où nous nous mouvons, a été liquéfié et même solidifié.

RÉSUMÉ DU CHAPITRE I

Les corps se présentent à nous sous trois états. Les *solides* ont une forme à eux et sont plus ou moins durs. Les *liquides* prennent la forme du vase qui les contient. Les *gaz* tendent toujours à augmenter de volume. Un même corps peut prendre successivement les trois états (glace, eau, vapeur d'eau).

CHAPITRE II

EAU PURE
ANALYSE — SYNTHÈSE

Formule[1] : H^2O.
Représente 18 g. d'eau.

3. Analyse de l'eau par le voltamètre. — Faisons traverser de l'eau par un courant électrique. Pour cela, nous la mettrons dans un appareil appelé *voltamètre*, qui peut avoir diverses formes. Ce sera, par exemple (*fig.* 3), un vase de verre dont le fond est traversé par deux fils métalliques (généralement en platine, métal peu altérable). Sur

---

[1] Bien que nous ne les définissions que plus loin (61 et 65), nous donnerons dès maintenant les formules et symboles des corps étudiés.

l'extrémité supérieure de chacun de ces fils, appelés *électrodes*, nous renverserons une petite éprouvette pleine d'eau. Les extrémités inférieures, aboutissant hors du vase, seront mises en relation avec les pôles d'une source d'électricité. L'eau pure étant isolante, ne se laissant pas traverser par le courant, nous aurons soin d'ajouter une petite quantité d'un corps blanc appelé *soude caustique,* qui la rendra conductrice.

Fig. 3. — Analyse de l'eau par le voltamètre.

Dès qu'on fait passer le courant, on voit les électrodes se recouvrir de bulles de gaz, qui grossissent, puis se détachent, montant au sommet des éprouvettes, où le gaz se rassemble. Au bout d'un certain temps, les volumes de gaz sont suffisants pour qu'on puisse constater, après arrêt du courant, qu'il s'est dégagé à l'électrode positive (celle par où entre le courant, celle qui est reliée au pôle positif de la source d'électricité) un volume exactement moitié de celui qui s'est dégagé à l'électrode négative ; et il en est toujours ainsi, quelle que soit la durée de l'expérience.

Les gaz dégagés aux deux électrodes sont différents. On peut le constater facilement. Celui de l'électrode négative, celui qui a un volume double, est combustible : il brûle avec une flamme pâle dès qu'on en approche une allumette enflammée. On l'appelle *hydrogène*. Celui qui se dégage à l'électrode positive ne brûle pas ; mais si on y plonge une allumette présentant encore un point rouge, elle s'y rallume aussitôt et brûle avec plus d'éclat que dans l'air. On appelle ce gaz *oxygène*.

Si on poursuivait assez longtemps l'expérience, on verrait l'eau du voltamètre diminuer peu à peu, au fur et à mesure que se produisent de l'oxygène et de l'hydrogène. Elle s'est donc transformée en ces gaz, qui ne peuvent en aucune façon provenir de la soude ajoutée, car après la disparition d'une quantité quelconque d'eau, on retrouvera toujours le poids initial de soude.

Cette sorte de division de l'eau en d'autres corps s'appelle une *décomposition* ; l'eau est dite *composée* d'oxygène et d'hydrogène. Dans l'expérience précédente on a fait l'*analyse* de l'eau : on analyse un corps quand on le décompose en d'autres corps.

4. Synthèse de l'eau par l'eudiomètre. — L'*eudiomètre* (*fig.* 4) est un tube de verre résistant, gradué, ouvert à une extrémité et fermé à l'autre, dont les parois sont traversées par deux fils de platine se terminant en regard l'un de l'autre, à une faible distance. Le tube étant rempli de mercure, on le renverse sur une cuve à mercure. On y introduit un certain volume d'oxygène, puis un volume double d'hydrogène, à l'aide d'éprouvettes pleines de ces gaz que l'on retourne, l'ouverture vers le haut, sous l'extrémité inférieure de l'eudiomètre.

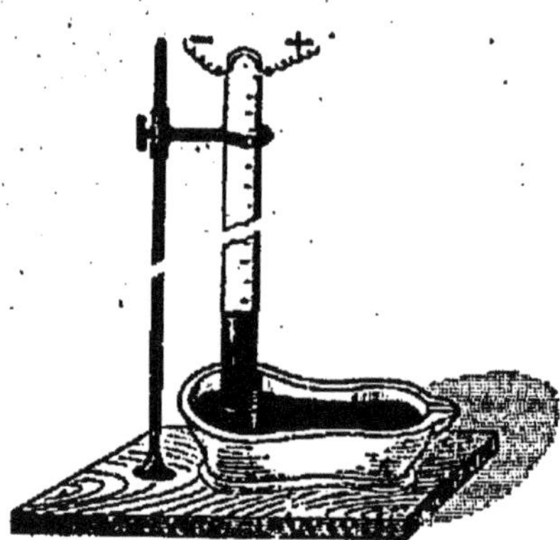

Fig. 4. — Synthèse de l'eau dans l'eudiomètre.

L'aspect de la masse gazeuse que contient alors l'eudiomètre ne diffère pas de celui de l'oxygène ou de l'hydrogène pris séparément. Le volume de cette masse gazeuse est égal à la somme des volumes des gaz introduits, soit trois fois le volume de l'oxygène. On a là un *mélange*, c'est-à-dire une juxtaposition de corps gardant leurs propriétés particulières, entre lesquelles les propriétés de l'ensemble sont intermédiaires.

Si, à l'aide d'une source électrique, d'une bobine de Ruhmkorff par exemple, on fait jaillir une étincelle entre les fils de l'eudiomètre, on constate un changement brusque. Il se produit dans le tube une flamme accompagnée d'une détonation, et un dégagement de chaleur se manifeste. Le mercure, d'abord repoussé, remonte presque aussitôt et semble remplir tout le tube. En examinant mieux sa surface, on y peut découvrir quelques gouttelettes d'eau.

Dans cette expérience, on a fait la *synthèse* de l'eau, on l'a recomposée à l'aide d'oxygène et d'hydrogène. On est sûr maintenant qu'elle n'est formée que de ces deux corps. L'analyse le faisait bien prévoir, mais sans en donner une certitude complète, positive : car on pouvait craindre, malgré tous les soins d'observation, la disparition inaperçue d'un autre composant.

Pour distinguer l'état des deux composants dans l'eau de celui où ils étaient lors de leur simple mélange, on dit qu'ils se sont *combinés*, que l'eau est une *combinaison* d'un volume d'oxygène avec deux volumes d'hydrogène. Dans cet état de combinaison, les composants présentent des propriétés très différentes de celles qu'ils avaient quand ils étaient simplement mélangés.

On remarquera que les combinaisons et décompositions

s'accompagnent en général de phénomènes calorifiques, électriques, etc. Ainsi la chaleur dégagée lors de la formation de l'eau transforme cette eau en vapeur très chaude qui repousse d'abord le mercure de l'eudiomètre ; le voltamètre absorbe au contraire de l'énergie électrique pour décomposer l'eau. Dans le simple mélange des deux gaz il ne se produit rien de semblable, et il est facile de séparer les constituants.

Quand on fait combiner l'oxygène et l'hydrogène, on dit aussi que l'on fait *réagir* ces gaz l'un sur l'autre. Une *réaction* est *lente* ou *vive* selon que la combinaison s'effectue en plus ou moins de temps. Ainsi la combinaison dans l'eudiomètre est une réaction très vive. Comme les changements calorifiques ou électriques qui accompagnent une réaction sont d'autant plus manifestes que la réaction est plus vive, on appelle souvent réactions vives celles où ces changements sont le plus sensibles, sans s'occuper de la durée du phénomène.

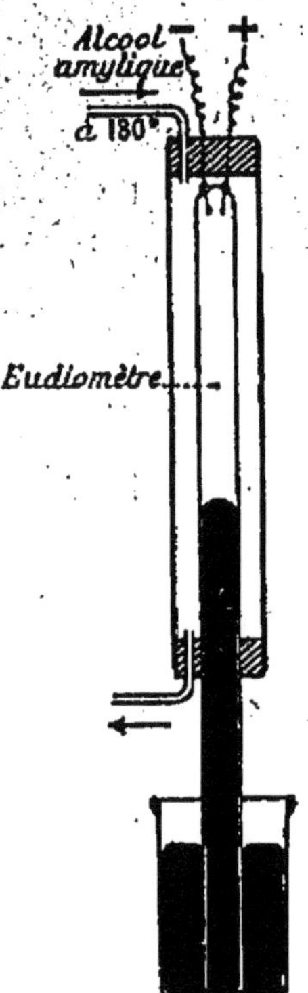

Fig. 5. — Synthèse de l'eau dans l'eudiomètre à plus de 100°.

Remarque I. — Si on avait mis dans l'eudiomètre 1 volume d'oxygène et plus de 2 d'hydrogène, il ne se serait combiné, pour former de l'eau, que 2 volumes de ce dernier gaz : le reste serait resté libre. De même, si pour 2 volumes d'hydrogène on avait employé plus de 1 volume d'oxygène, le surplus serait resté libre. Cela montre que l'eau est formée par la combinaison de proportions bien déterminées d'oxygène et d'hydrogène.

Remarque II. — Si on maintient (*fig.* 5) l'eudiomètre à une température égale ou supérieure à 100°, l'eau formée y reste à l'état de vapeur. On constate alors que le volume de cette vapeur est exactement le même que celui de l'hydrogène combiné, soit 2 volumes pour 1 d'oxygène.

Remarque III. — L'analyse et la synthèse précédentes établissent la composition de l'eau en *volume*. Connaissant cette composition, on en déduit le rapport des *poids* d'hydrogène et d'oxygène qui entrent dans une quantité d'eau déterminée, sans avoir recours à l'expérience. En effet, l'hydrogène à volume égal pesant 16 fois moins que l'oxygène, 2 volumes d'hydrogène pèsent 8 fois moins que 1 volume d'oxygène. On en déduit que la proportion cherchée est 1/8. Par exemple, pour 2 g. d'hydrogène, 16 g. d'oxygène entrent en combinaison et il en résulte la formation de 18 g. d'eau. — Dumas a déterminé par l'expérience le rapport que nous venons d'établir.

5. **Propriétés physiques.** — L'eau se présente sous les trois états solide, liquide et gazeux.

Eau liquide. — L'eau est liquide à la température ordinaire ; pure, elle est transparente, inodore et sans saveur. Elle est incolore sous une faible épaisseur, mais paraît bleue ou verdâtre quand on l'observe en grande masse.

Le poids d'un centimètre cube d'eau à la température de 4° est, à très peu de chose près, égal à l'unité de poids, appelée *gramme*.

Eau solide. — Refroidie suffisamment, l'eau se solidifie ; on dit qu'elle se *congèle*. Cette solidification est accompagnée d'une notable augmentation de volume (qui détermine la rupture des vases, même les plus résistants, s'ils sont pleins d'eau et fermés hermétiquement). L'eau solide ou *glace* est donc plus légère que l'eau. Elle fond à une température qui a été choisie pour le degré 0 du thermomètre centigrade.

Eau en vapeur. — L'eau émet des vapeurs à toutes les températures ; elle entre en ébullition, sous la pression de 76 cm de mercure, à une température qu'on a adoptée pour le degré 100 du thermomètre centigrade. La vapeur d'eau occupe à 100° un volume environ 1700 fois plus grand que le volume de l'eau liquide qui l'a formée.

6. **Propriétés chimiques.** — L'eau peut être décomposée par divers corps tels que le carbone, le potassium, le fer.

Si on éteint des charbons rouges (le charbon est du *carbone* presque pur) sous une cloche remplie d'eau (*fig.* 6), il se rassemble au sommet de la cloche un mélange de trois gaz : l'hydrogène, le gaz carbonique et un second composé de carbone et d'oxygène, appelé oxyde de carbone. Le carbone fixe donc l'oxygène de l'eau, c'est-à-dire se combine avec lui.

Fig. 6. — Décomposition de l'eau par le carbone.

Le *potassium* et le *sodium* sont des métaux mous que

l'on conserve dans du pétrole. Ces métaux décomposent l'eau à la température ordinaire ; ils s'emparent aussi de son oxygène et mettent l'hydrogène en liberté.

Jetons un fragment de potassium sur l'eau contenue dans un vase à bords élevés. Le métal, plus léger que l'eau, se maintient à sa surface en la décomposant (*fig.* 7) ; il tournoie rapidement, en même temps que l'hydrogène dégagé s'enflamme et brûle avec une flamme violacée. Il se forme un composé, la potasse, qui, à un moment donné, se dissout brusquement dans l'eau en projetant des fragments de tous côtés.

Fig. 7. — Décomposition de l'eau par le potassium.

On peut faire la même expérience avec le sodium, qui se déplace aussi rapidement sur l'eau ; mais la chaleur dégagée par la réaction n'est pas suffisante pour enflammer l'hydrogène.

Enfin le *fer* ne décompose l'eau que s'il est chauffé au rouge ; l'oxygène de l'eau se combine avec le fer pour former de l'oxyde de fer, et l'hydrogène mis en liberté se dégage.

7. Propriétés dissolvantes de l'eau. — L'eau dissout en quantité plus ou moins grande la plupart des gaz, comme l'oxygène, le gaz carbonique ; elle dissout également un grand nombre de corps solides : le sucre, le sel marin fondent dans l'eau. Il en résulte que l'eau rencontrée à la surface du sol n'est jamais pure : elle tient en dissolution les gaz qui forment l'air et, en outre, une proportion variable de corps solides empruntés aux terrains avec lesquels elle s'est trouvée en contact.

Pour constater la présence de gaz dans l'eau ordinaire, on remplit complètement de ce liquide un ballon ainsi que son tube à dégagement, et on fait aboutir celui-ci à une éprouvette pleine de mercure et reposant sur la cuve à mercure (*fig.* 8). En chauffant l'eau du ballon jusqu'à l'ébullition, les gaz qui s'y trouvent en dissolution se dégagent et se rassemblent au sommet de l'éprouvette.

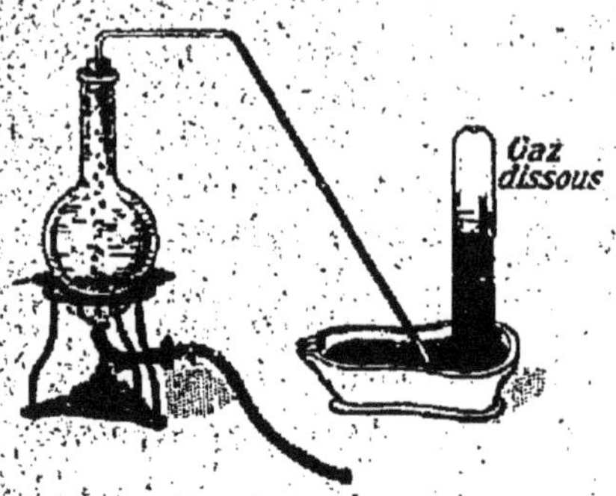

Fig. 8. — Extraction des gaz dissous dans l'eau.

On constate la présence de solides dissous dans l'eau en en évaporant à sec (c'est-à-dire jusqu'à ce qu'il ne reste plus trace de liquide) une certaine quantité. Les solides dissous forment alors un dépôt.

Distillation de l'eau. — On débarrasse l'eau des matières gazeuses et solides dissoutes en la distillant. L'eau soumise à la distillation est chauffée dans un alambic en cuivre (*fig.* 9), communiquant avec un serpentin entouré d'eau

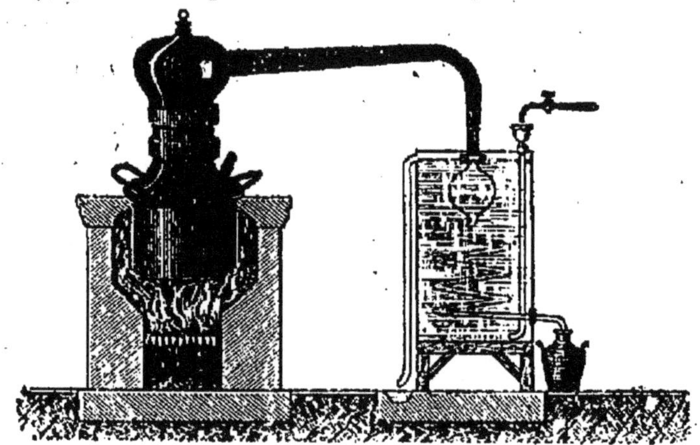
Fig. 9. — Distillation de l'eau.

froide constamment renouvelée. La vapeur d'eau provenant de l'alambic se condense dans ce serpentin et est recueillie dans un vase extérieur. Les impuretés gazeuses se dégagent d'abord et ne se condensent pas dans le serpentin, tandis que les impuretés solides restent dans l'alambic.

RÉSUMÉ DU CHAPITRE II

L'*eau* est une *combinaison* d'hydrogène et d'oxygène. En volume, l'hydrogène se combine à la moitié de son volume d'oxygène et forme un volume de vapeur d'eau égal au sien. On vérifie la composition en volume en décomposant l'eau par un courant électrique (*analyse* par le voltamètre) ou en enflammant un mélange de 2 volumes d'hydrogène et 1 volume d'oxygène (*synthèse* dans l'eudiomètre). Le rapport des poids d'hydrogène et d'oxygène qui entrent dans une quantité d'eau déterminée est 1/8.

L'eau est bleue ou verdâtre en grande masse. Le poids d'un centimètre cube d'eau est, à très peu de chose près, égale à l'unité de poids (gramme). L'eau augmente de volume en se solidifiant. Son point de fusion et son point d'ébullition ont été choisis comme points fixes 0 et 100 du thermomètre.

L'eau est décomposée par quelques corps : le carbone, le potassium et le fer s'emparent de son oxygène et mettent l'hydrogène en liberté.

L'eau ordinaire tient en dissolution des gaz (air, gaz carbonique) et des solides, dont on la débarrasse en la distillant.

CHAPITRE III

HYDROGÈNE

Symbole : H.
Représente 1 g. — ou 11 l, 2 — d'hydrogène.

8. État naturel. — L'hydrogène libre ne se rencontre guère dans la nature que dans les gaz qui se dégagent des volcans. A l'état de combinaison, il est au contraire très répandu : il forme la neuvième partie de l'eau (4); il entre dans la constitution de tous les êtres vivants et d'une foule de composés minéraux.

9. Préparation. — Préparation industrielle par l'électrolyse. — Dans l'industrie, on prépare l'hydrogène en décomposant par un courant électrique (3) l'eau rendue conductrice par de la soude. Les électrodes sont en fer. Le gaz obtenu est, pour la facilité du transport, comprimé à 120 atmosphères dans des cylindres d'acier très résistants contenant jusqu'à 20 l., ce qui représente $20 \times 120 = 2400$ l. d'hydrogène à la pression ordinaire.

Préparation dans les laboratoires. — On prépare l'hydrogène en faisant agir le zinc du commerce sur l'acide sulfurique étendu d'eau. L'acide sulfurique contient de l'hydrogène ; le zinc prend la place de cet hydrogène : il se forme un composé appelé sulfate de zinc, qui se dissout dans l'eau, et l'hydrogène se dégage[1]:

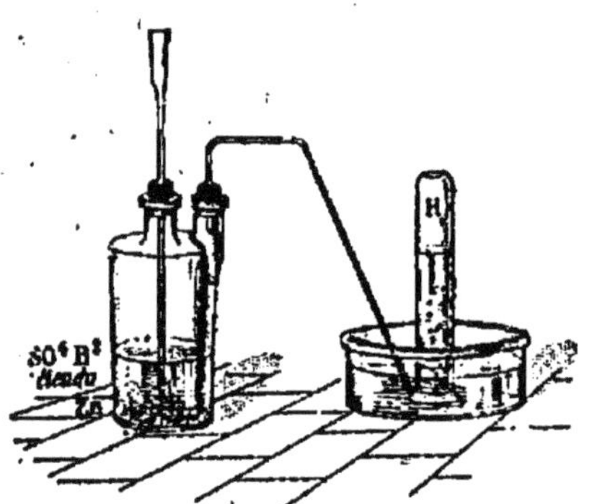

Fig. 10. — Appareil à hydrogène.

$$\underset{\text{acide sulfurique}}{SO^4H^2} + \underset{\text{zinc}}{Zn} = \underset{\text{sulfate de zinc}}{SO^4Zn} + 2H\nearrow.$$

On emploie un flacon à deux tubulures (*fig.* 10) : la tubulure centrale est munie d'un tube à entonnoir plongeant jusqu'au fond du flacon, la tubulure latérale porte un tube à dégagement (ou tube *abducteur*) dont l'autre extrémité, recourbée vers le haut, est placée dans un vase plein d'eau.

---

(1) Bien que nous ne les définissions que plus loin (66), nous donnerons dès maintenant les formules de réaction.

Après avoir introduit dans le flacon du zinc et de l'eau jusqu'au tiers de la hauteur, on verse peu à peu de l'acide sulfurique par le tube à entonnoir. Une vive effervescence se manifeste aussitôt, et le flacon s'échauffe par suite de la formation du sulfate de zinc. Les premières bulles qui se dégagent sont constituées principalement par l'air que contenait le flacon : on les laisse perdre. L'hydrogène est recueilli dans des éprouvettes préalablement remplies d'eau et renversées sur un *têt* (support de terre) au-dessus de l'extrémité du tube abducteur.

On peut, dans cette préparation de l'hydrogène, remplacer l'acide sulfurique par un autre composé, l'acide chlorhydrique : dans ce cas, au lieu de sulfate de zinc, c'est du chlorure de zinc qui se forme. On peut également remplacer le zinc par du fer.

10. Propriétés physiques. — L'hydrogène est un gaz incolore, inodore et sans saveur(1). Il est presque insoluble dans l'eau : il ne s'en dissout que 19 cm^3 dans 1 litre d'eau à 0° (nous avons vu qu'on peut le recueillir sur l'eau sans qu'il soit absorbé).

C'est le plus léger de tous les gaz : un litre d'hydrogène pèse 14 fois moins qu'un litre d'air (1 l. d'hydrogène (2) pèse 0 g, 0898 et 1 l. d'air 1 g, 293).

Cette légèreté de l'hydrogène peut être mise facilement en évidence : une éprouvette pleine de ce gaz le conserve quelque

(1) La constatation de ces deux dernières propriétés ne doit être faite que sur du gaz *pur*, l'hydrogène préparé avec des substances impures étant mélangé à des corps qui le rendent très dangereux à respirer.

(2) On ne peut parler d'un volume gazeux qu'autant que l'on connaît les conditions de pression et de température dans lesquelles il est mesuré. Quand on ne les indique pas, comme dans le cas présent, on sous-entend que le volume est mesuré dans les conditions *normales*, c'est-à-dire à la température de 0° et sous la pression de 76 cm de mercure.

temps si on la maintient verticalement l'ouverture en bas, tandis qu'elle n'en renferme bientôt plus si on la tient l'ouverture en haut. Si en effet on présente une flamme à l'ouverture de la première éprouvette, le gaz s'enflamme, tandis que la flamme n'a pas d'effet sur le gaz de la seconde éprouvette. On comprend qu'on puisse transvaser de l'hydrogène d'une éprouvette A dans une autre B ne contenant que de l'air, comme le montre la figure 11. On peut, en trempant l'extrémité du tube abducteur dans de l'eau de savon, faire des bulles qui s'élèvent rapidement.

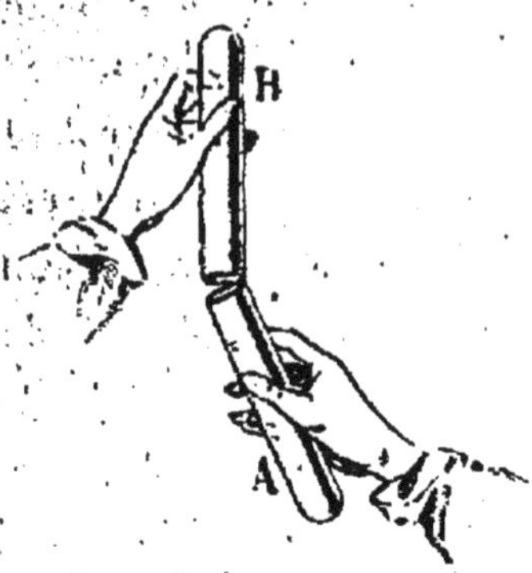

Fig. 11. — Transvasement de l'hydrogène.

L'hydrogène est *très diffusible*, c'est-à-dire qu'il traverse facilement les cloisons poreuses, le papier, etc.

Fermons une éprouvette pleine d'hydrogène avec une feuille de papier, puis retournons la (*fig.* 12): le gaz traverse le papier et nous pourrons l'enflammer au-dessus de l'éprouvette.

Fig. 12. — Diffusion de l'hydrogène à travers du papier.

Fermons par un bouchon un vase poreux de pile renversé et traversons le bouchon par un tube courbé en U dans sa partie inférieure et contenant un liquide coloré (*fig.* 13). Si nous coiffons ce vase d'une cloche où arrive de l'hydrogène, aussitôt le liquide se dénivelle, indiquant une augmentation de pression à l'intérieur du vase poreux. En effet, l'hydrogène et l'air tendent chacun à se répandre, à travers la cloison poreuse, dans l'espace qu'il n'occupe pas (1). Mais l'hydrogène traverse cette cloison plus vite que l'air : il en entre dans le vase plus qu'il ne sort d'air ; d'où surpression. La dénivellation cesse de croître, puis diminue, pour devenir nulle quand tout l'air est sorti. Si ensuite on enlève la cloche, on constate le phénomène inverse. L'hydrogène s'échappant du vase poreux plus vite que l'air n'y rentre, il s'y produit un vide relatif qui dure jusqu'à ce que tout l'hydrogène ait été remplacé par de l'air à la pression extérieure.

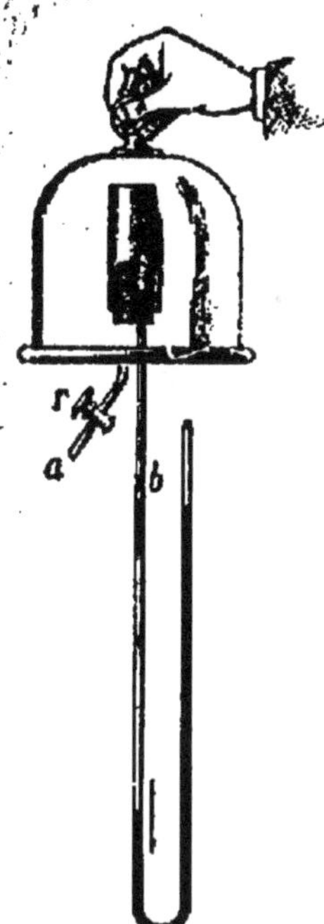

Fig. 13. — Diffusion de l'hydrogène à travers un vase poreux.

La diffusibilité de l'hydrogène est d'ailleurs une preuve indirecte de sa légèreté, car les gaz les plus diffusibles sont les plus légers.

L'hydrogène exige une très basse température pour se liquéfier. Il bout à — 252°.

11. Propriétés chimiques. — L'hydrogène est un gaz *combustible* ; il brûle avec une flamme pâle très chaude ; le produit de la combustion est de la vapeur d'eau.

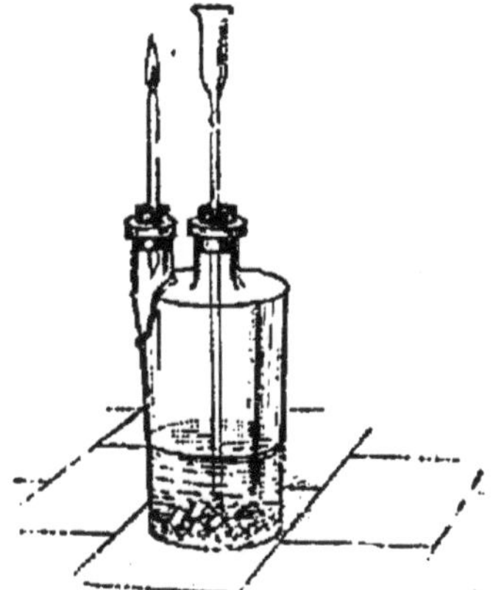
Fig. 14. — Combustion continue de l'hydrogène.

Pour effectuer cette combustion d'une manière continue, on remplace le tube à dégagement de l'appareil producteur par un tube droit, effilé (*fig.* 14), et *l'on attend pour enflammer l'hydrogène que tout l'air ait été expulsé de l'appareil.*

On démontre que le produit de la combustion est de la vapeur d'eau en faisant passer l'hydrogène à travers des substances avides d'eau, telles que le chlorure de calcium (*fig.* 15), et en le faisant brûler sous une cloche de verre. La vapeur d'eau produite se condense sur les parois de la cloche en gouttelettes qui ruissellent le long du verre.

De cette expérience on peut conclure que l'air contient

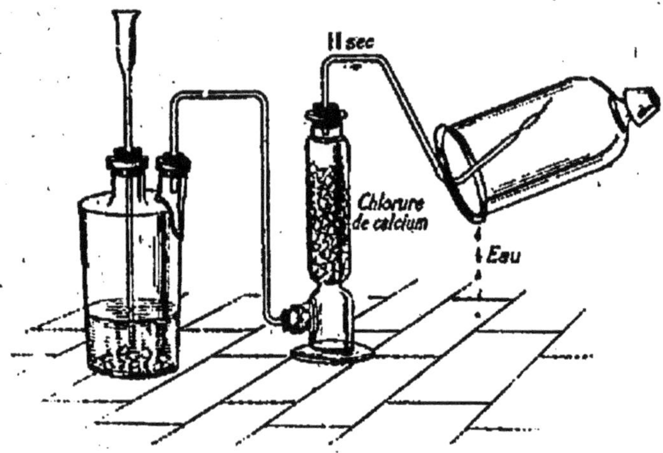

FIG. 15. — Production d'eau par la combustion de l'hydrogène.

de l'oxygène, puisque l'oxygène qui entre dans la composition de l'eau formée ne peut provenir d'ailleurs.

L'hydrogène brûle aussi dans l'oxygène et donne alors une flamme encore plus chaude que dans l'air (17).

En brûlant (que ce soit dans l'air ou dans l'oxygène), 1 g. d'hydrogène dégage 34 500 calories, c'est-à-dire produit assez de chaleur pour élever de 1° la température de 34 kg,5 d'eau.

L'hydrogène forme avec l'oxygène un mélange qui *détone* au contact d'une flamme.

Pour le démontrer, on remplit aux 2/3 d'hydrogène un flacon plein d'eau et l'on achève de le remplir avec de l'oxygène. Si on approche l'ouverture du flacon d'une flamme, il se produit une violente détonation, résultant de ce que la vapeur d'eau a d'abord brusquement refoulé l'air à l'orifice du flacon, puis s'est condensée, ce qui a amené subitement une rentrée de l'air.

Le flacon pouvant être brisé par l'explosion, on aura soin de l'envelopper de linges mouillés. Si on s'écarte pour les deux gaz des proportions indiquées (qui sont celles qui correspondent à la composition de l'eau), la réaction est moins violente. Il en est de même si on remplace l'oxygène par de l'air. C'est pour éviter l'explosion de tels mélanges qu'il faut attendre l'entraînement de tout l'air contenu dans un appareil à hydrogène avant d'enflammer celui-ci.

Action réductrice de l'hydrogène. — L'hydrogène, ayant une grande tendance à s'unir à l'oxygène pour former de

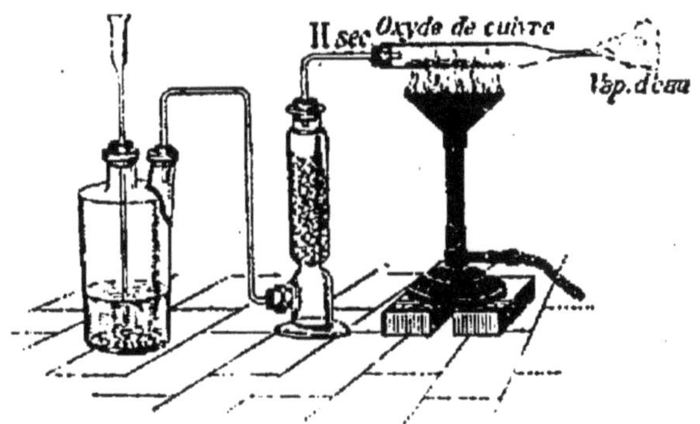

Fig. 16. — Réduction d'un oxyde par l'hydrogène.

l'eau, décompose, à des températures convenables, la plupart des oxydes métalliques (combinaisons d'un métal avec de l'oxygène). On dit que ces oxydes sont *réduits* et que l'hydrogène est un agent *réducteur*. Si on chauffe légèrement de l'oxyde de cuivre dans un tube adapté à un appareil producteur d'hydrogène sec (*fig.* 16), il se dégage bientôt de la vapeur d'eau à l'extrémité du tube, en même temps que l'oxyde devient incandescent. Après refroidissement, le tube renferme une poudre rouge, qui n'est autre chose que du cuivre métallique.

On peut faire une expérience analogue avec du chlorure d'argent (composé d'argent et de chlore) ; il reste de l'argent et il se dégage de l'acide chlorhydrique (gaz composé d'hydrogène et de chlore).

Action sur l'organisme. — L'hydrogène pur est un gaz inoffensif, mais il n'entretient pas la vie. Respiré seul, il produit l'asphyxie par privation d'oxygène.

Synthèse de l'eau en poids. — C'est en se basant sur l'action réductrice de l'hydrogène que Dumas a déterminé d'une façon très exacte la composition en poids de l'eau. Il faisait arriver lentement de l'hydrogène bien pur et sec dans un ballon contenant de l'oxyde de cuivre chauffé. Cet oxyde était décomposé et il se produisait de la vapeur d'eau qui se condensait plus loin dans un ballon, les dernières traces d'eau étant arrêtées par des matières avides de ce liquide. On pesait, avant et après le passage d'une quantité suffisante d'hydrogène, d'une part l'oxyde de cuivre initial et le mélange d'oxyde et de cuivre métallique obtenu — ce qui donnait le poids d'oxygène combiné avec l'hydrogène — et d'autre part la partie de l'appareil qui retenait l'eau produite. Le poids d'hydrogène combiné était la différence des poids d'eau et d'oxygène.

12. Usages. — Dans les laboratoires, l'hydrogène est souvent employé comme réducteur.

Comme il est beaucoup plus léger que l'air, il convient parfaitement pour gonfler les aérostats, à condition d'employer des enveloppes bien imperméables.

Dirigée sur un bâton de chaux vive, la flamme de l'hydrogène devient éblouissante et est utilisée pour éclairer les lanternes de projection.

RÉSUMÉ DU CHAPITRE III

L'*hydrogène* forme la 9e partie de l'eau et entre dans la constitution d'un grand nombre de composés. On le prépare industriellement par électrolyse de l'eau et dans les laboratoires en décomposant l'acide sulfurique étendu par le zinc dans un flacon à deux tubulures.

C'est un gaz incolore, à peu près insoluble dans l'eau. Il pèse 14 fois moins que l'air à volume égal. Il est très diffusible, traverse facilement les enveloppes poreuses.

L'hydrogène brûle avec une flamme pâle très chaude, en produisant de la vapeur d'eau. Il réduit un grand nombre d'oxydes métalliques, s'emparant de leur oxygène pour former de l'eau et mettant le métal en liberté.

On emploie souvent l'hydrogène pour gonfler les ballons; on s'en sert aussi, en dirigeant sa flamme sur un bâton de chaux vive, pour éclairer les lanternes de projection.

CHAPITRE IV

OXYGÈNE

Symbole : O.
Représente 16 g. — ou 11 l,2 — d'oxygène.

13. État naturel. — L'oxygène est un des corps les plus répandus dans la nature. Il forme environ 1/5 en volume de l'air; à l'état de combinaison, il entre dans la constitution de l'eau et d'un grand nombre de composés.

14. Préparation. — **Préparation industrielle.** — On obtient de l'oxygène en même temps que de l'hydrogène dans l'électrolyse de l'eau (9).

Nous verrons plus loin (21) qu'on extrait aussi l'oxygène de l'air (où nous avons constaté sa présence par la formation d'eau dans la combustion de l'hydrogène).

Le gaz produit par un de ces moyens est vendu, comprimé à 150 atmosphères, dans des cylindres d'acier, comme l'hydrogène (9).

Dans les laboratoires, quand on ne peut se procurer facilement le gaz industriel, on prépare l'oxygène à l'aide de composés le cédant aisément ; les plus employés sont l'*oxylithe* et le *chlorate de potassium*.

Préparation par l'oxylithe. — L'oxylithe est un composé oxygéné du sodium que l'on obtient en faisant absorber l'oxygène de l'air par du sodium fondu. Il suffit de projeter de l'oxylithe dans l'eau pour avoir de l'oxygène. Dans un flacon F bien sec (*fig.* 17) on introduit quelques fragments

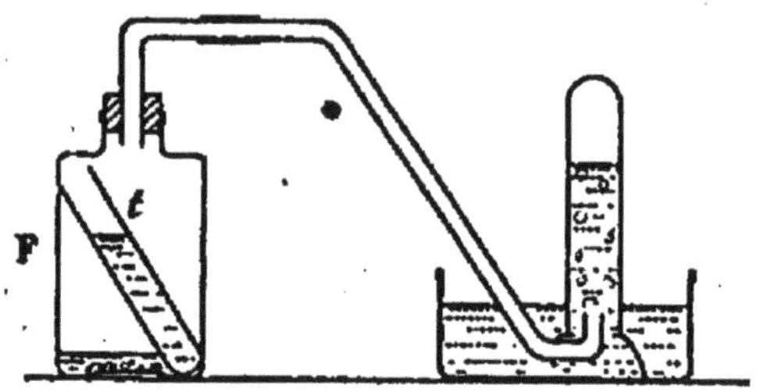

Fig. 17. — Préparation de l'oxygène par l'oxylithe.

d'oxylithe. On remplit d'eau un tube large *t* et on le place dans le flacon ; le bouchon du flacon est traversé par un tube relié par un raccord de caoutchouc à un autre tube qui se rend à la cuve à eau. On incline doucement le flacon F pour déverser une certaine quantité d'eau sur l'oxylithe : l'oxygène se dégage aussitôt avec effervescence :

$$\underset{\text{oxylithe}}{Na^2O^2} + \underset{\text{eau}}{H^2O} = \underset{\text{soude}}{2NaOH} + O.$$

Le gaz du début est rejeté. Quand la réaction est terminée, si on verse dans le flacon quelques goutte de phtaléine, le liquide rougit, ce qui indique la présence de soude.

Préparation par le chlorate de potassium. — Le chlorate de potassium est un sel qui se présente en paillettes blanches brillantes ; chauffé modérément, il fond, puis se décompose et dégage de l'oxygène ; il reste finalement un résidu de chlorure de potassium (composé de chlore et de potassium). Ordinairement on ajoute au chlorate un peu de bioxyde de manganèse, minéral naturel noir, qui rend plus régulière la décomposition du chlorate :

$$\underset{\text{chlorate de potassium}}{ClO^3K} = \underset{\text{chlorure de potassium}}{KCl} + 3O.$$

Le mélange de chlorate et de bioxyde est introduit dans un large tube (*fig.* 18) portant un tube à dégagement qui

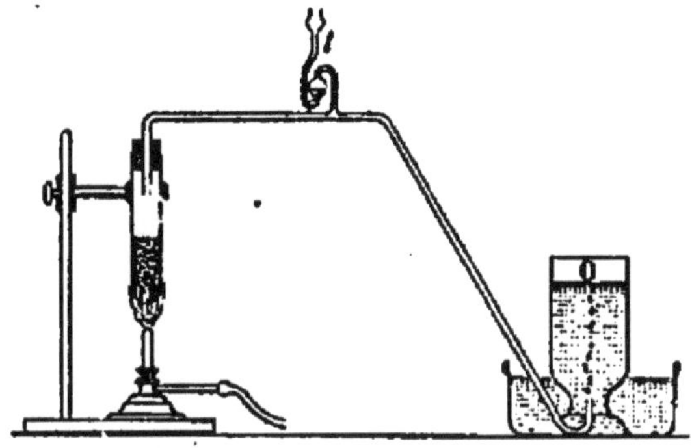

Fig. 18. — Préparation de l'oxygène par le chlorate de potassium.

se rend sur une cuve à eau et est muni d'un tube de sûreté *t* (qui, en laissant rentrer de l'air, empêcherait l'aspiration d'eau de la cuve et, d'autre part, permettrait au gaz de sortir en cas d'obstruction de l'extrémité du tube abducteur). L'oxygène est recueilli dans des flacons ou dans des éprouvettes.

15. Propriétés physiques. — L'oxygène est un gaz incolore, inodore et sans saveur, très peu soluble dans l'eau (1 l. d'eau à 0° n'en peut absorber que 41 cm³). Il est un peu plus lourd que l'air (1 l. d'oxygène pèse 1 g, 43).

La liquéfaction de l'oxygène exige de très basses températures. Il bout à — 181°. C'est un liquide bleuâtre.

16. Propriétés chimiques. — L'oxygène est surtout caractérisé par cette propriété que les corps combustibles y brûlent avec plus d'éclat que dans l'air; si, dans une éprouvette pleine d'oxygène, on introduit une allumette présentant encore un point en ignition, elle se rallume (*fig.* 19), en faisant entendre une petite détonation.

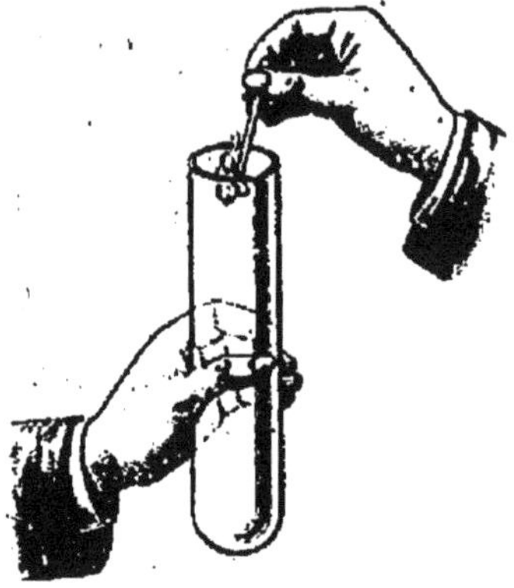

Fig. 19. — L'oxygène rallume une allumette presque éteinte.

Fig. 20. — Combustion du soufre dans l'oxygène.

Mettons un morceau de *soufre* dans une petite coupelle en terre que supporte un fil de fer fixé à un large bouchon de liège, enflammons-le et descendons la coupelle dans un flacon plein d'oxygène (*fig.* 20) : le soufre brûlera avec une flamme d'un beau bleu pur, en formant un gaz à odeur suffocante appelé anhydride sulfureux.

Remplaçons le soufre par un fragment de *phosphore* bien sec, allumons ce fragment avec une allumette et introduisons-le rapidement dans un flacon d'oxygène : il brûlera en produisant une lumière éblouissante, accompagnée de fumées blanches épaisses d'anhydride phosphorique, combinaison d'oxygène et de phosphore.

Un bâton de fusain (*carbone*) rougi préalablement brûle de même avec éclat en se transformant, par sa combinaison avec l'oxygène, en anhydride carbonique, gaz incolore ayant la propriété de troubler l'eau de chaux.

Pour effectuer la combustion du *fer*, on introduit rapidement dans l'oxygène un fil de fer enroulé en spirale, à l'extrémité libre duquel se trouve un morceau d'amadou enflammé (*fig.* 21). Le fer brûle en lançant de tous côtés des étincelles et en se transformant en oxyde de fer. Cet oxyde fond et se détache en globules qui détermineraient la rupture du flacon si on n'avait eu soin d'y laisser une légère couche d'eau.

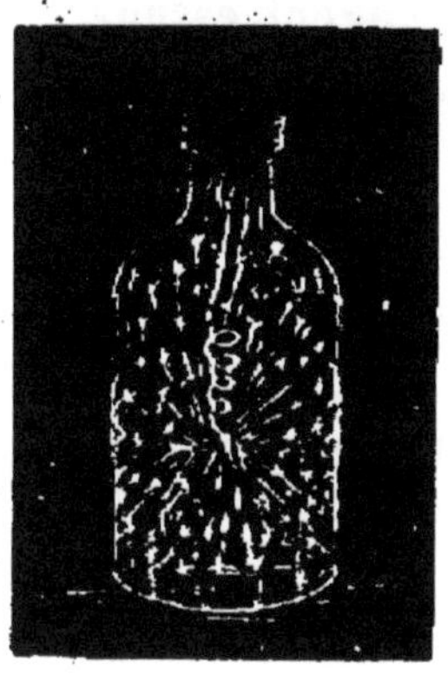

FIG. 21. — Combustion du fer dans l'oxygène.

Enfin un ruban de *magnésium* enflammé préalablement à une extrémité brûle dans l'oxygène avec une flamme éblouissante. Il se dépose sur les parois du flacon une poussière blanche, qui est de la magnésie.

L'oxygène a donc pour principale propriété d'être, par sa combinaison avec beaucoup de corps divers, agent de combustion. Ces réactions sont accompagnées en général, comme dans les exemples précédents, d'un fort dégagement de chaleur. La lumière produite vient de ce que les corps y sont portés à une température élevée. Le corps incandescent est soit seulement le combustible (charbon), soit en plus le composé produit (anhydride phosphorique, magnésie).

Naturellement, plus la chaleur est concentrée et plus la température obtenue est élevée. D'autre part, si la combinaison se fait lentement, la chaleur se répandra à l'extérieur au fur et à mesure de sa production sans donner lieu à un échauffement notable : on a alors des combustions lentes. Ainsi un morceau de phosphore dans l'oxygène se combine lentement à froid ; un morceau de fer s'y oxydera petit à petit.

Action sur l'organisme. — L'oxygène est l'agent essentiel de la respiration. L'air introduit dans les poumons cède son oxygène au sang qui a traversé toutes les parties du corps et reçoit en échange du gaz carbonique et de la vapeur d'eau, résultats des combustions lentes effectuées dans les diverses cellules du corps. La chaleur produite sert à maintenir la température du corps (chaleur animale).

17. Usages. — L'oxygène est l'agent essentiel de la respiration et des combustions.

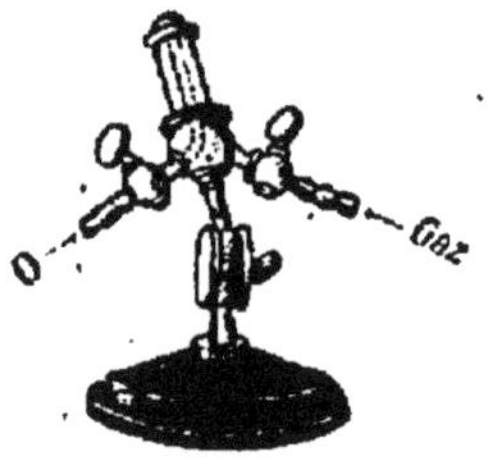

Fig. 22. — Chalumeau oxhydrique.

Il joue un grand rôle dans la fabrication de composés importants tels que l'acide sulfurique, le blanc de zinc.

On l'utilise pour faire brûler activement l'hydrogène ou le gaz d'éclairage et produire ainsi des températures très élevées. On emploie pour cela des chalumeaux dits oxhydriques, qui possèdent des formes diverses. Celui de la figure 22 consiste principalement en deux tubes concentriques, l'intérieur pour l'arrivée de l'oxygène et l'espace intermédiaire pour celle du gaz combustible. Si on dirige la flamme d'un tel chalumeau sur un morceau de chaux vive, celui-ci est porté à une vive incandescence et produit la lumière oxhydrique ou de Drummond.

En médecine on l'emploie, sous forme d'inhalations, pour activer la respiration dans des cas graves et contre les empoisonnements occasionnés par certains gaz comme l'oxyde de carbone.

RÉSUMÉ DU CHAPITRE IV

L'*oxygène* fait partie de l'air, de l'eau et d'un grand nombre de composés. On l'obtient industriellement par l'électrolyse de l'eau, ou bien on l'extrait de l'air. On le prépare en petit en décomposant par l'eau l'oxylithe, ou bien par la chaleur un mélange de chlorate de potassium et de bioxyde de manganèse.

L'oxygène est incolore, très peu soluble dans l'eau. Les corps combustibles brûlent dans ce gaz avec plus d'éclat que dans l'air : Ex. : une allumette présentant encore un point rouge s'y rallume avec une petite détonation. On peut citer aussi les combustions du soufre, du phosphore, du charbon, du magnésium, du fer.

L'oxygène est l'agent essentiel de la respiration et des combustions ; il sert à produire des températures élevées ou une lumière vive.

CHAPITRE V

AIR — AZOTE

AIR

18. Expérience de Lavoisier. — Ce fut Lavoisier qui, le premier, en 1775, découvrit que l'air était un mélange et en fixa la composition.

Il introduisit une quantité connue de mercure dans une cornue dont le col recourbé s'engageait sous une cloche reposant sur le mercure et contenant un volume déterminé d'air (*fig.* 23), puis il maintint le mercure presque bouillant. Dès le second jour, de petites parcelles rouges se formèrent à la surface du mercure, en même temps que l'air de la cloche diminuait peu à peu de volume. Ces changements ayant cessé au bout de douze jours, Lavoisier laissa refroidir l'appareil et constata que le volume de l'air restant dans la cornue et dans la cloche n'était plus que les 5/6 du volume total primitif; en

FIG. 23. — Analyse de l'air par Lavoisier.

outre, cet air n'entretenait plus ni la combustion ni la respiration; c'était le gaz que nous appelons maintenant azote atmosphérique.

Ayant rassemblé les parcelles rouges d'oxyde de mercure qui s'étaient formées dans cette expérience, Lavoisier les chauffa dans une petite cornue de verre munie d'un tube à dégagement, et recueillit de l'oxygène, dont le volume était sensiblement 1/6 du volume de l'air contenu primitivement dans l'appareil précédent.

Enfin, l'azote et l'oxygène ainsi isolés, ayant été réunis, reproduisirent de l'air en tout semblable à l'air ordinaire.

Cette méthode ne peut donner qu'approximativement les proportions d'azote et d'oxygène, car l'oxygène n'est jamais complètement absorbé par le mercure.

19. Composition de l'air. — Pour déterminer plus exactement et plus vite la proportion de l'oxygène dans l'air, on emploie un corps qui tende davantage à se combiner avec ce gaz, le phosphore par exemple.

On chauffe un fragment de phosphore dans une cloche courbe reposant sur l'eau et contenant un volume d'air connu (*fig*. 24). Le phosphore brûle en s'emparant de l'oxygène. Le composé formé (anhydride phosphorique) se dissout dans l'eau. Quand la combustion est terminée, on laisse refroidir et on constate que l'eau s'est élevée dans la cloche de façon à réduire de 1/5 environ le volume primitif de l'air.

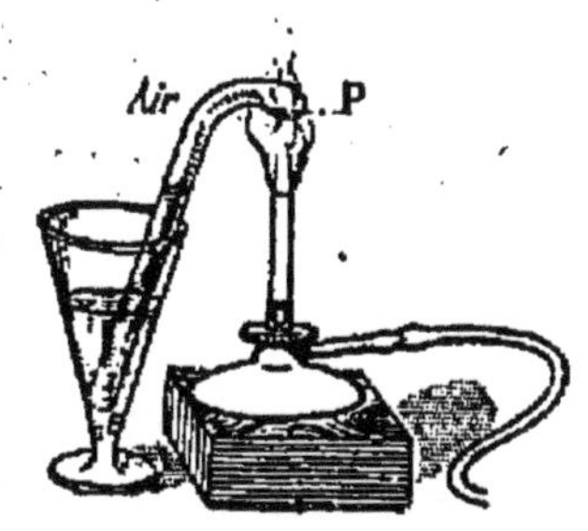

Fig. 24. — Dosage de l'azote par le phosphore à chaud.

On peut aussi opérer à froid. Dans une éprouvette graduée renversée sur le mercure et contenant un volume connu d'air on introduit un bâton de phosphore humide en contact avec cet air. Après quelques heures la combustion lente est achevée ; on retire le phosphore et on mesure le résidu gazeux.

Une méthode plus précise, car elle fait connaître les proportions en poids, plus exactement déterminables que les volumes, consiste à faire passer de l'air sur du cuivre chauffé, qui se combine avec l'oxygène en formant de l'oxyde de cuivre. On pèse le gaz non combiné, qui est de l'azote ; la différence des poids du cuivre initial et du mélange final de cuivre et d'oxyde donne le poids de l'oxygène.

Composition de l'azote atmosphérique. — L'azote atmosphérique a été longtemps pris pour un gaz unique. Ce n'est qu'en 1894 que Lord Rayleigh et Sir William Ramsay y distinguèrent des corps différents, inégalement absorbables par le magnésium chauffé. On y reconnaît maintenant une partie principale, l'azote, une partie moins importante, l'argon, et des quantités très petites d'autres gaz : hélium, néon, xénon et krypton. D'après les recherches de M. Leduc, 100 parties d'air contiennent exactement : 75,5 parties d'azote, 23,2 d'oxygène, 1,3 d'argon. La composition en volume est la suivante : 78,04 volumes d'azote, 21,02 d'oxygène, 0,94 d'argon.

Autres corps contenus dans l'atmosphère. — L'air contient diverses impuretés, accidentellement ou non. Il renferme environ les 3/10000 de son volume de *gaz carbonique* (105). On constate la présence de ce gaz en abandonnant à l'air un vase contenant de l'eau de chaux : la surface du liquide se recouvre peu à peu d'une pellicule blanche de carbonate de calcium (combinaison de gaz carbonique avec la chaux qui forme aussi le marbre, la craie, la pierre à bâtir tendre, etc.).

La *vapeur d'eau* existe dans l'air en proportion très variable. C'est à elle qu'est due l'augmentation de masse des substances avides d'eau (acide sulfurique, chlorure de calcium) abandonnées à l'air ; c'est elle qui se condense sous forme de buée sur les parois extérieures d'un vase contenant de l'eau très froide.

On trouve encore dans l'air des quantités variables et très faibles de divers autres gaz : ammoniac (50), acide sulfhydrique (81), etc. Enfin il tient en suspension des corpuscules solides qui sont visibles dans un rayon de soleil et qui sont formés de poussières minérales, de débris organiques et de germes organisés.

20. L'air est un mélange. — Bien que l'air ait une composition sensiblement constante, aussi bien dans les hautes régions qu'au niveau du sol, c'est un mélange et non une combinaison. En effet :

1° La composition n'est pas *absolument* constante.

2° Les volumes de deux gaz qui se combinent sont toujours dans un rapport simple, tandis que le rapport 21/78 de l'oxygène et de l'azote n'est pas un rapport simple.

3° On n'observe pas de réaction en reformant de l'air par le mélange d'oxygène et d'azote.

4° L'air liquide se comporte comme un mélange, dont on peut facilement séparer les constituants par des moyens physiques, comme on le verra au paragraphe suivant.

5° L'air dissous dans l'eau est plus riche en oxygène que l'air ordinaire. Chaque gaz s'est donc dissous avec son coefficient de solubilité propre ; il n'en serait pas ainsi si l'air était une combinaison.

6° Les propriétés de l'air gazeux sont la résultante, pour ainsi dire, de celles des constituants ; elles n'en sont pas différentes. Par exemple, la combustibilité y est seulement moindre que dans l'oxygène pur, et on peut la diminuer à volonté en ajoutant de l'azote.

21. Propriétés de l'air. — L'air est incolore sous une faible épaisseur, et bleu quand il est vu en grande masse. Un litre d'air à 0° et sous la pression de 76 cm de mercure pèse 1 g, 293. Un litre d'eau, à la température ordinaire, dissout environ 24 cm³ d'air.

C'est par l'oxygène qu'il contient que l'air entretient les combustions et la respiration.

On liquéfie maintenant l'air par grandes quantités, en le faisant se détendre après l'avoir fortement comprimé, ce qui produit les basses températures nécessaires. On conserve l'air liquide dans des ballons ouverts (*fig.* 25), formés de deux enveloppes argentées entre lesquelles on a fait le vide. La couche superficielle du liquide se trouvant seule en contact avec l'atmosphère, l'évaporation est très lente, et on peut ainsi conserver de l'air liquide pendant plus de huit jours.

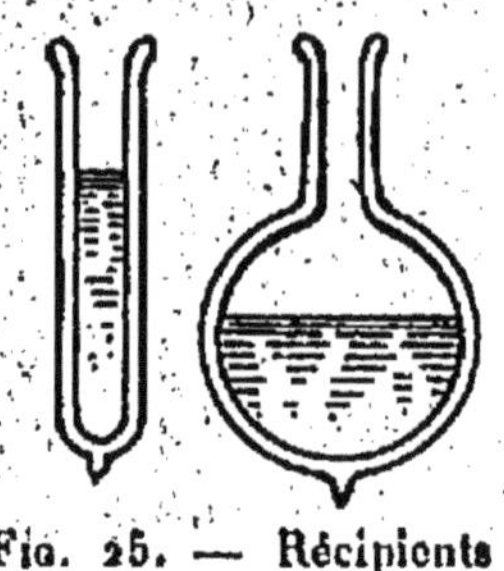

Fig. 25. — Récipients à air liquide.

L'air liquide a une teinte légèrement bleutée. Son point d'ébullition est — 192° environ. On peut y plonger la main impunément, car le liquide prend une forme globulaire et est séparé de la peau par une mince couche de vapeur; il faut toutefois retirer la main aussitôt, car, cette couche disparaissant rapidement, le froid serait tel que la main serait brûlée comme par un métal en fusion. Au contact de l'air liquide, le mercure se congèle et devient dur comme du fer ; la viande et les corps élastiques, comme le caoutchouc, deviennent durs et cassants comme du verre.

L'air liquide est très employé comme source de froid. L'oxygène bouillant à une température (— 181°) un peu moins basse que celle où bout l'azote (— 194°), on peut conduire la liquéfaction de l'air de façon à obtenir séparément ces deux gaz.

AZOTE

Symbole : Az ou N.
Représente 14 g. — ou 11 l, 2 — d'azote.

22. État naturel. — L'azote forme, comme nous l'avons vu, environ les 4/5 de l'air en volume. Il entre dans la constitution d'un grand nombre de composés : gaz ammoniac, salpêtre, blanc d'œuf, etc. C'est une partie importante du corps de tous les êtres vivants. Certaines bactéries (végétaux microscopiques) peuvent le prendre dans l'air ; les végétaux le tirent des composés azotés du sol et de ces bactéries. Enfin, les animaux le trouvent dans les végétaux ou les autres animaux dont ils se nourrissent. Le nom d'*azote* (de *a* privatif et d'un autre mot grec qui signifie *vie*) lui a été donné pour rappeler qu'il n'entretient pas la vie.

23. Préparation. — L'azote de l'air est séparé de l'oxygène industriellement par la liquéfaction (21) et se vend, comme celui-ci, comprimé.

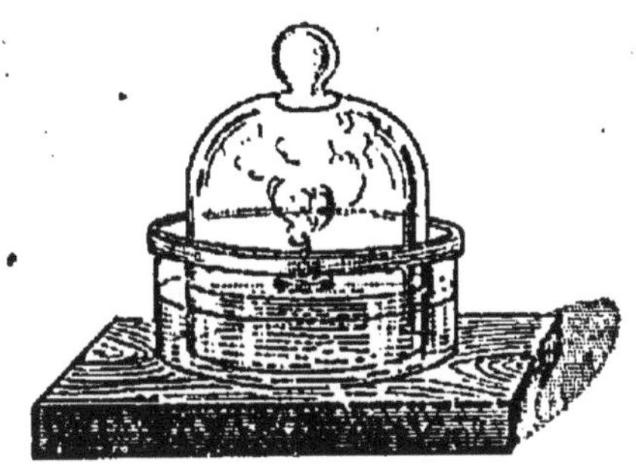

Fig. 26. — Préparation de l'azote par le phosphore.

Dans les laboratoires, l'azote s'extrait ordinairement de l'air, auquel on enlève l'oxygène à l'aide de corps absorbant facilement ce gaz.

Sur un large bouchon de liège flottant sur l'eau, on dépose une petite coupelle contenant un fragment de phosphore bien sec ; on enflamme le phosphore et on recouvre le tout d'une grande cloche (*fig.* 26). Il se produit des fumées blanches épaisses d'anhydride phosphorique, corps très soluble dans l'eau. Quand la combustion est terminée, ces fumées se dissipent peu à peu, en même temps que l'eau monte dans la cloche pour remplacer l'oxygène disparu. On transvase alors le gaz restant dans des éprouvettes ; c'est de l'azote atmosphérique (19) mélangé à un peu d'oxygène non absorbé et de gaz carbonique.

On obtient de l'azote pur en décomposant par la chaleur (*fig.* 27) une dissolution concentrée d'un composé appelé azotite d'ammonium ; on effectue cette décomposition dans

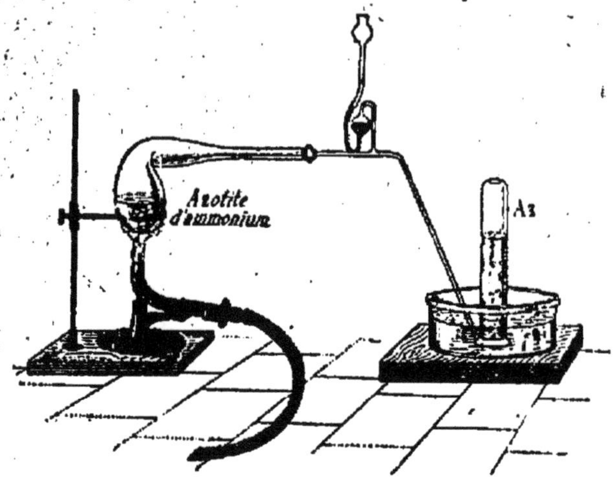

Fig. 27. — Préparation de l'azote par l'azotite d'ammonium.

une petite cornue munie d'un tube abducteur avec tube de sûreté.

24. Propriétés. — L'azote est un gaz incolore, inodore et insipide, à peine soluble dans l'eau. Il est un peu moins lourd que l'air (1 l. pèse 1 g,26). Il bout à — 194°.

L'azote n'est pas combustible. Il n'entretient pas la combustion, et une bougie allumée s'y éteint. Il ne se combine directement qu'avec un très petit nombre de corps, comme le magnésium et, à la température de l'arc électrique, l'oxygène.

Action sur l'organisme. — Ce gaz n'entretient pas la respiration. Il n'est pas délétère. Son rôle principal dans l'air est de tempérer l'action trop vive qu'exercerait l'oxygène pur.

25. Usages. — L'azote est surtout employé à la fabrication d'un engrais, la *cyanamide*.

RÉSUMÉ DU CHAPITRE V

En 1775, Lavoisier montra, en faisant combiner l'oxygène d'une quantité donnée d'air avec du mercure, puis en l'en séparant par la chaleur, que l'air est formé de ce gaz et d'azote.

L'*air* est formé, en volume, de 1/5 d'oxygène et 4/5 d'azote atmosphérique (azote pur mélangé à de l'argon et à quelques autres gaz). Il contient de plus 3/10 000, en volume, de gaz carbonique, une quantité variable de vapeur d'eau et une très petite quantité d'autres gaz variables. Il tient en suspension des poussières minérales et organiques

Pour déterminer le rapport en volumes de l'oxygène et de l'azote, on se sert de tubes gradués contenant un volume d'air connu et on absorbe l'oxygène soit par du phosphore à chaud, soit par du phosphore à froid.

L'air est un mélange et non une combinaison : sa composition n'est pas absolument constante ; le rapport suivant lequel l'oxygène et l'azote sont unis n'est pas simple ; il n'y a pas de réaction lorsqu'on en fait la synthèse ; liquéfié, il se sépare par distillation en ses deux constituants ; chacun des deux gaz se dissout dans l'eau comme s'il était seul.

1 litre d'air pèse 1 g, 293 à 0° et sous la pression de 76 cm de mercure. L'air liquide bout vers — 192°.

L'*azote* forme les 4/5 de l'air en volume. On peut l'extraire de l'air liquide par distillation et de l'air gazeux en brûlant du phosphore sous une cloche reposant sur l'eau.

C'est un gaz incolore, presque aussi dense que l'air. Ses combinaisons directes sont peu nombreuses ; il n'entretient pas la combustion.

CHAPITRE VI

ÉLECTROLYSE DU CHLORURE DE SODIUM

Formule : NaCl.
Représente 58 g,5 de chlorure de sodium.

26. État naturel. — Le chlorure de sodium n'est autre

chose que le sel de cuisine pur. Il est très répandu dans la nature. On le trouve à l'état solide (*sel gemme*), formant souvent des couches très puissantes (mines de Wieliczka en Pologne, Cordona en Espagne, etc.). Il cause la salure des mers, qui en contiennent en moyenne 28 kg par m³ (contre 9 kg seulement d'autres corps solides dissous). Enfin il existe des sources d'eau salée.

On extrait le sel de ses dissolutions par évaporation. L'eau de mer est amenée dans une série de vastes bassins (*marais salants*) où, sous l'action de la chaleur solaire, elle se concentre peu à peu ; dans les premiers elle abandonne divers composés de fer et de chaux, puis laisse déposer le sel dans les derniers. L'eau des sources salées est évaporée dans de grandes chaudières.

Fig. 28. — Trémie de sel marin.

27. **Propriétés.** — Le sel se présente sous la forme de grains terminés par des surfaces planes, sous la forme de *cristaux*. Ces cristaux, transparents et incolores, sont cubiques et généralement accolés en trémies (*fig.* 28). L'eau en dissout à peu près autant à chaud et à froid : 100 g. dissolvent 36 g. de sel à 0° et 40 g. à 100°. Le sel de cuisine ordinaire, toujours assez impur, absorbe l'humidité de l'air ; il tend à fondre quand le temps est à la pluie : on dit qu'il est *déliquescent*. Les cristaux de sel sont formés eux-mêmes de cristaux plus petits entre lesquels un peu d'eau est interposée. Quand on les chauffe, cette eau vaporisée les fait éclater avec bruit, les projetant en tous sens :

on dit que le sel *décrépite*. Si on continue à chauffer, vers 790° le sel fond en un liquide huileux, solidifiable par refroidissement. Il est alors privé d'eau, il est devenu *anhydre*.

28. Électrolyse du chlorure de sodium fondu. — Examinons ce qui arrive si on fait passer le courant électrique dans le sel fondu, comme on l'a fait passer (3) à travers l'eau. L'expérience est difficile à réaliser en petit, mais elle se faisait autrefois industriellement. Un tube en U avait une branche en terre réfractaire et l'autre en fer ; celle-ci était reliée au pôle négatif de la source d'électricité. L'anode (électrode positive) était formée par un cylindre de charbon en communication avec l'autre pôle. Les deux ouvertures du tube en U étaient munies, la branche en terre d'un tuyau de dégagement et celle de fer d'un trop-plein. L'appareil étant rempli de sel fondu, le passage du courant produit à l'anode un dégagement de gaz jaune verdâtre, appelé *chlore* (d'un mot grec signifiant « vert »), et à la cathode (électrode négative) l'apparition d'un métal appelé *sodium*, qui surnage et peut être recueilli au dehors si on a soin de le préserver du contact de l'air, auquel il brûlerait. Si on examine l'appareil après une durée d'électrolyse suffisante, on constate que la quantité de sel y a diminué et qu'il ne s'y trouve pas d'autres corps que ceux que nous avons indiqués : du chlore et du sodium ; ces deux corps entrent donc dans la constitution du sel. Et ce sont les seuls, car il suffit de les mettre en présence pour qu'ils réagissent violemment en reformant le chlorure de sodium (33).

29. Électrolyse du chlorure de sodium dissous. — **I. Avec une cathode de mercure.** — Prenons comme anode un cylindre de charbon fixé à un fil de métal recourbé bien isolé, et comme cathode du mercure placé dans un tube de verre recourbé. Plaçons le tout dans de l'eau salée, en recouvrant l'anode d'une petite éprouvette remplie également d'eau salée (*fig.* 29), et faisons passer le courant. Le chlorure de sodium est décomposé comme s'il était seul et fondu. Le chlore se dégage à l'anode et le sodium s'unit au mercure formant la cathode, ce qui donne un *amalgame* de sodium.

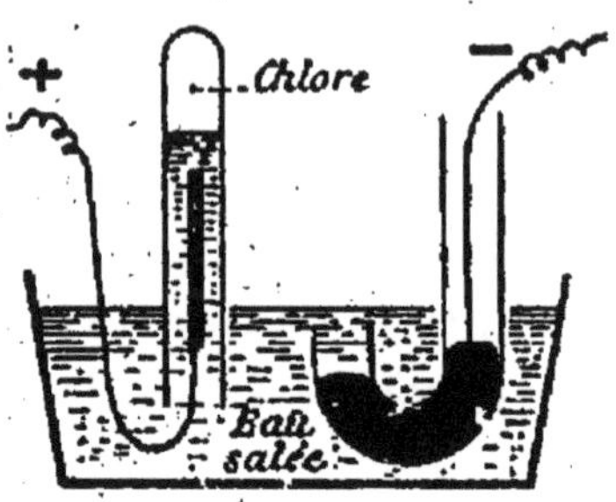

FIG. 29. — Électrolyse de l'eau salée avec une cathode en mercure.

Si on prend un peu de cet amalgame et qu'on l'agite avec de l'eau, ou si on le laisse longtemps en contact avec elle, on voit se dégager un gaz qui est de l'hydrogène; en évaporant l'eau, on trouve un résidu blanc, combinaison de sodium, oxygène et hydrogène, et qu'on appelle *soude caustique*; enfin le mercure est redevenu pur. Cette réaction du sodium se produirait dans le voltamètre si on arrêtait le courant. On pourrait d'ailleurs, en distillant l'amalgame à l'abri du contact de l'air, isoler le sodium.

II. Avec une cathode non mercurielle. — Électrolysons de l'eau salée dans un voltamètre analogue à celui qui nous a servi pour l'eau, mais avec des électrodes en charbon (la cathode peut d'ailleurs être en fer, ce métal n'étant pas attaqué dans ces conditions). Il se dégage comme précédemment du chlore à l'anode; mais il se dégage aussi un gaz à la cathode : ce gaz est de l'hydrogène.

Ainsi nous obtenons encore les deux gaz que nous avons trouvés tout à l'heure en fin de compte (29,I), après la réaction de l'amalgame de sodium sur l'eau. Nous sommes amenés à penser que le troisième produit, la soude caustique, doit se trouver dans l'eau du voltamètre. C'est ce qu'on vérifie en ajoutant à cette eau un colorant, du *tournesol* (1), qui devient bleu, autour de la cathode surtout, indiquant ainsi la présence de soude caustique. Le sodium dégagé à la cathode a donc réagi sur l'eau avec formation de soude caustique et dégagement d'hydrogène :

$$\underset{\text{sodium}}{Na} + \underset{\text{eau}}{H^2O} = \underset{\text{soude caustique}}{NaOH} + \underset{\text{hydrogène}}{H\nearrow}.$$

Remarque. — Au bout d'un certain temps, et surtout si on agite l'électrolyte, la soude caustique arrive au voisinage de l'anode, où le chlore qui se dégage réagit sur elle. Il se forme alors du chlorure de sodium et une combinaison de sodium, chlore et oxygène appelée hypochlorite de sodium, ClONa, mélange dont la solution constitue l'*eau de Javel*.

RÉSUMÉ DU CHAPITRE VI

Le *chlorure de sodium* est du sel de cuisine pur. On le trouve à l'état solide (sel gemme) dans des gisements souvent considérables (Wieliczka, Cordona). L'eau de mer, qui en contient 28 kg par m³, le cède par évaporation naturelle dans les marais salants. L'eau des sources salées est évaporée dans des chaudières.

Si on électrolyse le sel fondu, il se dégage du gaz chlore à l'anode et du métal sodium à la cathode. Ce sont les composants du sel.

On obtient le même résultat en électrolysant une solution salée

(1) Le tournesol est une matière colorante bleue qui, en présence de certains corps appelés *acides*, devient rouge. Inversement, le tournesol rougi par un acide devient bleu en présence d'autres corps appelés *bases*, tels que la soude caustique.

avec une cathode en mercure. Le sodium s'unit alors au mercure, s'amalgame On le sépare par distillation. Si on agite l'amalgame avec de l'eau, le sodium la décompose en donnant de la soude caustique et de l'hydrogène.

En électrolysant une solution salée avec une cathode qui n'est pas en mercure, on retrouve le même résultat final: le sodium, au fur et à mesure de sa production, réagit sur l'eau, et on a à la cathode une solution de soude caustique et un dégagement d'hydrogène.

Sur la soude produite dans l'électrolyse, lorsqu'elle vient au voisinage de l'anode, le chlore qui se dégage réagit, et il se forme un composé de chlore, sodium et oxygène (hypochlorite de sodium) dont la solution constitue l'eau de Javel.

CHAPITRE VII

CHLORE — SODIUM

CHLORE

Symbole : Cl.
Représente 35 g, 5 — ou 11 l, 2 — de chlore.

30. État naturel. — Le chlore n'existe pas à l'état libre dans la nature ; mais certaines de ses combinaisons, les *chlorures*, sont très répandues ; la plus commune est le chlorure de sodium (26). On trouve aussi dans l'eau de mer et dans le sol du chlorure de potassium et du chlorure de magnésium, composés de chlore et des métaux potassium et magnésium.

31. Préparation. — Préparation industrielle par l'électrolyse. — Elle repose sur l'électrolyse de l'eau salée (29). Dans le cas où on emploie une cathode non mercurielle (c'est alors le plus souvent une cathode en fer) il faut empêcher la diffusion de la soude vers l'anode. De là les particularités des systèmes. On interpose entre les électrodes une cloison partielle allongeant les communications ou des diaphragmes poreux (toiles d'amiante par exemple). De plus, on fait arriver d'une façon continue de l'eau salée nouvelle près de l'anode, et s'écouler près de la cathode une égale quantité de solution chargée de soude : il en résulte un déplacement du liquide en sens contraire de celui de la diffusion à éviter.

Préparation industrielle par le procédé Deacon. — Dans cette préparation, comme dans la suivante, on extrait le chlore de sa combinaison avec l'hydrogène, le gaz appelé acide chlorhydrique. Le procédé Deacon consiste à en faire combiner l'hydrogène avec de l'oxygène, à le brûler :

$$\underset{\text{acide chlorhydrique}}{2HCl} + O = \underset{\text{eau}}{H^2O} + \underset{\text{chlore}}{2Cl^{-}}.$$

On amène un courant d'acide chlorhydrique mêlé d'air au contact de briques chaudes imprégnées d'un composé de chlore et de cuivre, d'un chlorure de cuivre. Ce dernier corps n'est pas modifié. Il agit par sa seule présence (on dit qu'il joue un rôle *catalytique* et que le chlore est obtenu par un procédé *de contact*).

Préparation par le procédé Scheele. — Ce procédé, utilisé en petit et en grand, repose sur la combinaison de l'hydrogène de l'acide chlorhydrique non plus avec l'oxygène de l'air, mais avec celui du bioxyde de manganèse. Dans les laboratoires, on chauffe doucement la solution concentrée d'acide chlorhydrique (solution appelée elle-même, par abréviation, *acide chlorhydrique*) avec le bioxyde de manganèse dans un ballon muni d'un tube de sûreté (*fig.* 30).

L'oxygène du bioxyde s'unit à l'hydrogène de l'acide chlorhydrique pour former de l'eau ; une partie du chlore

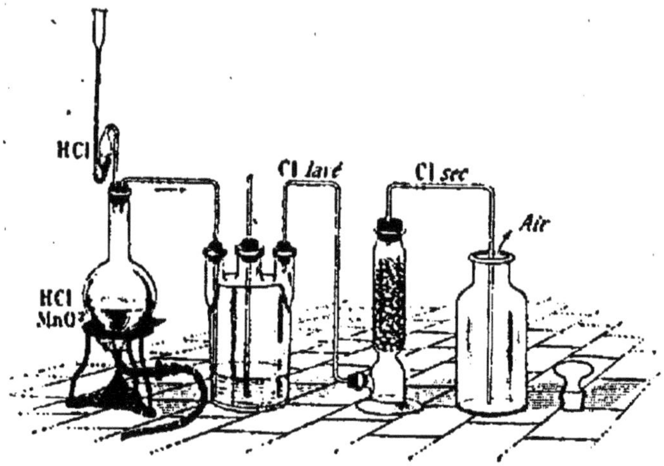

Fig. 30. — Préparation du chlore.

se combine avec le manganèse, formant du chlorure de manganèse; l'autre se dégage, passe dans un flacon laveur contenant un peu d'eau pour retenir l'acide chlorhydrique entraîné, puis se dessèche dans un tube contenant du chlorure de calcium. Il reste dans le ballon du chlorure de manganèse et de l'eau :

MnO^2	+	$4HCl$	=	$MnCl^2$	+	$2H^2O$	+	$2Cl$.
bioxyde de manganèse		acide chlorhydrique		chlorure de manganèse		eau		chlore

Le chlore ne peut être recueilli sur l'eau, dans laquelle il est soluble, ni sur le mercure, qu'il attaque ; on le recueille *à sec*, en faisant arriver le tube à dégagement au fond d'un flacon sec : le chlore, plus lourd que l'air, chasse peu à peu celui-ci et communique au flacon une teinte jaune-verdâtre.

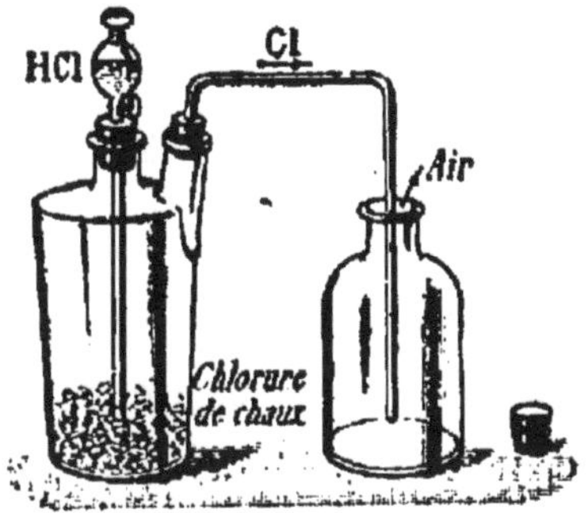

FIG. 31. — Préparation du chlore à froid.

Quand on ne tient pas à avoir du chlore pur, on met du chlorure de chaux(1) (40) dans un appareil à hydrogène dont le tube à entonnoir est remplacé par un tube à boule et à robinet (*fig.* 31). On verse de l'acide chlorhydrique dans l'entonnoir et on ouvre de temps en temps le robinet pour le faire écouler dans le flacon :

$$\underset{\text{chlorure de chaux}}{CaOCl^2} + \underset{\text{acide chlorhydrique}}{2HCl} = \underset{\text{eau}}{H^2O} + \underset{\text{chlorure de calcium}}{CaCl^2} + \underset{\text{chlore}}{2Cl\nearrow}.$$

Le chlore ainsi obtenu est recueilli à sec.

Industriellement, le chlore est préparé en grand dans une

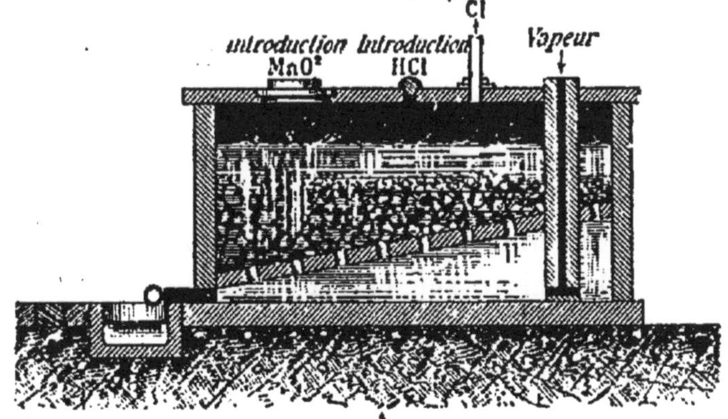

FIG. 32. — Still pour la préparation industrielle du chlore.

série de cuves prismatiques construites en dalles de lave de

(1) Composé de chaux et de chlore. On remarquera que, la chaux

Volvic (*fig.* 32). Ces cuves portent le nom de « stills » ou « pierres ». Chacune d'elles est munie d'un double fond, incliné et percé de trous, pour recevoir le bioxyde de manganèse en morceaux. On chauffe en injectant de la vapeur d'eau au-dessous du double fond par un tube en grès.

Les résidus acides provenant de l'opération sont régénérés par un traitement convenable et peuvent être de nouveau traités par l'acide chlorhydrique.

32. Propriétés physiques. — Le chlore est un gaz jaune-verdâtre, d'une odeur suffocante caractéristique. Il est environ 2 fois 1/2 plus lourd que l'air (1 l. pèse 3 g, 215).

L'eau dissout environ 3 fois son volume de chlore à la température ordinaire. Cette dissolution, appelée *eau de chlore*, s'obtient en remplaçant le tube desséchant de l'appareil producteur de chlore par un flacon laveur aux 3/4 rempli d'eau. On dispose à la suite de ce flacon une éprouvette contenant du lait de chaux, destiné à absorber le chlore en excès.

Le chlore se liquéfie assez facilement. Il se vend à l'état liquide dans des cylindres d'acier, car il n'attaque pas alors les métaux. Il bout à —33°.

33. Propriétés chimiques. — La propriété caractéristique du chlore est sa grande tendance à s'unir à l'*hydrogène* pour former du gaz acide chlorhydrique. Pour effectuer cette combinaison, on remplit un flacon de volumes égaux de chlore sec et d'hydrogène, en ayant soin d'opérer à une lumière très faible, la lumière d'une bougie par exemple. On enveloppe le flacon d'une épaisse étoffe

---

étant formée d'oxygène et d'un métal appelé calcium, ce composé diffère des autres chlorures déjà rencontrés, qui ne contiennent que du chlore et un métal. Aussi le nom de chlorure de *chaux* n'est-il conservé qu'à cause des usages industriels du corps. Ne pas confondre avec le chlorure de calcium, où il n'y a pas d'oxygène.

noire et on le porte à l'écart dans un endroit peu éclairé. On enlève alors l'étoffe, puis, de loin, on projette sur lui un rayon de soleil avec un miroir. Le flacon vole en éclats aussitôt, avec une forte détonation. Si, au lieu d'éclairer vivement le flacon, on le conserve à la lumière diffuse, on voit peu à peu la teinte verdâtre du chlore disparaître et on ne tarde pas à ne plus y trouver qu'un gaz nouveau, combinaison du chlore avec l'hydrogène, l'*acide chlorhydrique* :

$$H + Cl = \underset{\text{acide chlorhydrique}}{HCl},$$

qui rougit le tournesol et répand à l'air d'abondantes vapeurs blanches, condensation de l'humidité de l'air dans laquelle il se dissout.

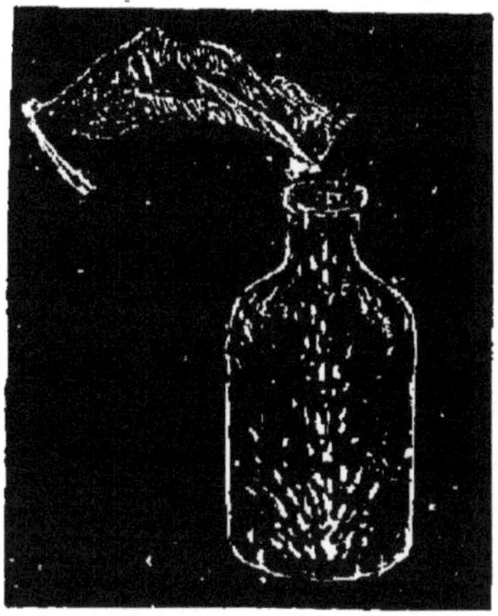

Fig. 33. — Combustion de l'antimoine dans le chlore.

Action sur les métalloïdes. — Le chlore se combine directement avec la plupart des métalloïdes.

Un morceau de *phosphore* sec placé dans une coupelle et introduit dans un flacon plein de chlore fond, puis s'enflamme et se transforme en chlorures, PCl^3 et PCl^5. Citons encore la combustion [1] de l'*antimoine*, qui, finement pulvérisé et projeté dans le chlore, produit une gerbe d'étincelles accompagnées de fumées de chlorure d'antimoine (*fig.* 33).

---

[1] On comprend sous le nom de *combustions* non seulement les réactions dues à l'oxygène, mais aussi les réactions d'un gaz quelconque accompagnées d'un fort dégagement de chaleur.

Action sur les métaux. — Un grand nombre de métaux se combinent avec le chlore à la température ordinaire. Ainsi du *sodium* introduit dans le chlore s'enflamme spontanément en formant du chlorure de sodium. Du *mercure* agité dans un flacon de chlore finit par adhérer au verre sous forme d'un enduit miroitant constitué par du chlorure de mercure. Une feuille d'*or* agitée dans de l'eau de chlore disparaît rapidement.

Le *fer*, le *cuivre*, l'*étain* doivent être préalablement chauffés : un gros fil de cuivre rouge, légèrement chauffé et introduit dans un flacon plein de chlore, devient incandescent ; il se produit en même temps des fumées jaunes, épaisses, de chlorure de cuivre.

Action sur les composés. — A cause de sa grande tendance à s'unir à l'hydrogène, le chlore enlève ce gaz à la plupart des composés hydrogénés.

L'*eau* est décomposée par le chlore sous l'influence de la lumière ou de la chaleur : $H^2O + 2Cl = 2HCl + O$.

On évite l'action de la lumière en conservant l'eau de chlore dans des flacons en verre jaune ou noir.

L'*acide sulfhydrique* (gaz composé de soufre et d'hydrogène) cède également son hydrogène au chlore :

$$\underset{\text{acide sulfhydrique}}{H^2S} + 2Cl = 2HCl + S.$$

Cette propriété fait du chlore un désinfectant précieux.

Si on fait arriver un courant de *gaz ammoniac* (composé d'azote et d'hydrogène) dans un flacon plein de chlore (*fig.* 34), il y a inflammation et il en résulte de l'azote et du chlorure d'ammonium (composé de chlorure, d'azote et d'hydrogène) manifesté par des fumées blanches :

$$\underset{\text{ammoniac}}{4AzH^3} + 3Cl = \underset{\text{chlorure d'ammonium}}{3AzH^4Cl} + Az.$$

Le chlore tendant à se combiner avec l'hydrogène de l'eau, il sera facile à d'autres corps, en sa présence, de s'emparer de l'oxygène de celle-ci, de s'oxyder.

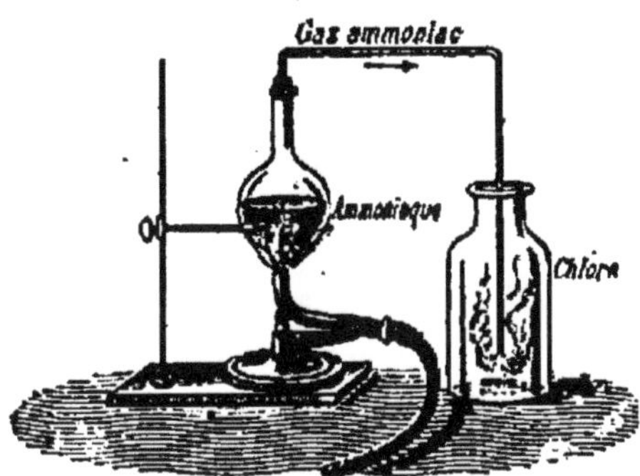

Fig. 34. — Action du chlore sur l'ammoniaque.

Enfin les *matières organiques* hydrogénées sont plus ou moins attaquées par le chlore. Un morceau de papier à filtre imprégné d'essence de térébenthine (formée d'hydrogène et de carbone) brûle dans le chlore avec une flamme rougeâtre en produisant un dépôt de noir de fumée :

$$\underset{\text{essence de térébenthine}}{C^{10}H^{16}} + 16Cl = 16HCl + 10C.$$

Sous l'influence du chlore, les bouchons de liège sont attaqués et jaunis ; les matières colorantes d'origine organique sont détruites. Versons de l'eau de chlore dans des verres renfermant respectivement du tournesol, de l'encre (à base de fer), etc. ; nous verrons ces liquides se décolorer immédiatement. Cette action décolorante du chlore constitue une de ses principales applications.

Action sur l'organisme. — Le chlore est dangereux à

respirer. En petite quantité, il détermine une sensation de chaleur à la gorge, accompagnée d'une toux douloureuse : en plus grande quantité, il produit des crachements de sang. On atténue ces accidents en buvant du lait ou en respirant de la vapeur d'eau.

34. Usages. — Le chlore est surtout employé comme *décolorant* et comme *désinfectant*. Dans l'industrie, on a recours au chlore pour extraire le brome et l'iode, pour préparer des produits chlorés, comme le chloral, etc..

SODIUM

Symbole : Na.
Représente 23 g. de sodium.

35. État naturel et préparation. — Le sodium est trop altérable pour exister isolé dans la nature. Il est très abondant à l'état de chlorure (sel de cuisine) (26). Nous avons vu qu'on pouvait l'en retirer par l'électrolyse. Dans l'industrie, on électrolyse maintenant la soude caustique fondue dans un vase de fer, entre une anode de nickel ou de fer et une cathode de charbon. L'oxygène de la soude se dégage à l'entrée du courant, l'hydrogène et le sodium à sa sortie.

36. Propriétés et usages. — Le sodium est un métal ayant l'éclat de l'argent quand il vient d'être coupé, mais sa surface se ternit rapidement à l'air. Il est mou ; on le coupe facilement avec un couteau. Il fond à 95° et se volatilise au rouge. Ses vapeurs ou celles de ses composés colorent les flammes en jaune. Sa densité n'est que 0,97.

Il s'oxyde rapidement à l'air ; aussi le conserve-t-on dans

du pétrole. Chauffé, il brûle en donnant des oxydes de sodium[1]. Il décompose l'eau à froid (6), avec dégagement d'hydrogène et production de soude caustique :

$$Na + H^2O = NaOH + H.$$

Il s'empare de même de l'oxygène de nombreux composés oxygénés, les *réduit*. C'est surtout ce pouvoir réducteur qu'on utilise. Pour avoir des réactions moins violentes, on emploie parfois son amalgame.

RÉSUMÉ DU CHAPITRE VII

Le *chlore* ne se trouve pas à l'état libre, mais les chlorures, surtout le chlorure de sodium, sont très abondants.

On obtient le chlore industriellement : 1° par l'électrolyse de l'eau salée, où il se dégage à l'anode de charbon ; 2° par contact (procédé Deacon), en faisant brûler de l'acide chlorhydrique dans un courant d'air chaud au contact de chlorure de cuivre ; 3° dans les laboratoires et l'industrie (procédé Scheele) en chauffant ensemble de l'acide chlorhydrique et du bioxyde de manganèse : il se produit du chlorure de manganèse, de l'eau et du chlore ; 4° par l'action de l'acide chlorhydrique sur le chlorure de chaux (on recueille le chlore par déplacement de l'air).

C'est un gaz jaune verdâtre, lourd (1 l. pèse 3 gr. 215), soluble dans l'eau, qui en dissout 3 fois son volume à 10° ; sa solution est l'eau de chlore.

Il s'unit à volumes égaux à l'hydrogène, avec explosion à la lumière vive et lentement à la lumière diffuse : il se forme alors du gaz acide chlorhydrique.

Le chlore se combine directement avec la plupart des métalloïdes. Il forme, avec incandescence, des chlorures de phosphore, d'antimoine. Il se combine avec la plupart des métaux : le sodium, le fer, le cuivre, etc., chauffés, y brûlent ; l'or est attaqué par l'eau de chlore.

Le chlore attaque beaucoup de composés en s'emparant de leur hydrogène. Avec l'acide sulfhydrique il donne de l'acide chlorhydrique et du soufre ; avec l'ammoniac ou l'eau chauffée, de l'acide chlor-

---

(1) D'abord Na^2O^2, partie active de l'oxylithe (14), puis, s'il y a excès de sodium, Na^2O.

hydrique et de l'azote ou de l'oxygène. Son action sur l'eau en fait un oxydant, les autres corps pouvant facilement prendre l'oxygène de celle-ci alors qu'il s'empare de l'hydrogène. Il attaque plus ou moins les matières organiques (combustion de l'essence de térébenthine, décolorations). Il est dangereux à respirer, car il attaque les poumons. On l'utilise comme décolorant et comme désinfectant (à cause de son action sur l'acide sulfhydrique, l'ammoniac et les matières organiques).

Le *sodium* se trouve surtout à l'état de chlorure. On l'extrait par électrolyse de la soude caustique. C'est un métal brillant et mou ; sa densité est 0,97 ; il fond à 95°, puis se volatilise au rouge. Il s'oxyde à l'air et y brûle si on le chauffe. Il décompose l'eau à froid ; il s'empare aussi de l'oxygène de beaucoup d'autres corps, les réduit.

CHAPITRE VIII

SOUDE CAUSTIQUE — CHLORURES DÉCOLORANTS

SOUDE CAUSTIQUE

Formule : $NaOH$.
Représente 40 g. de soude.

37. Préparation. — Préparation électrolytique. — Nous avons vu (28 et 29) comment on obtient la soude caustique en électrolysant une solution de chlorure de sodium. La solution de soude produite est évaporée dans des capsules de fer ou d'argent (le verre ou la porcelaine seraient attaqués par la soude). On fond ensuite la soude pour finir d'en chasser l'eau, et on la coule sur une plaque de fer où elle se solidifie en une masse blanche. On la conserve à l'abri de l'air dans des récipients soigneusement fermés.

Préparation chimique. — Ce mode de préparation, encore le plus répandu industriellement, consiste à retirer la soude d'un composé du sodium, le carbonate de sodium, — communément employé pour le nettoyage sous le nom de *cristaux*, — sur lequel on fait réagir de la chaux :

$$\underset{\text{carbonate de sodium}}{CO^3Na^2} + \underset{\text{chaux}}{Ca(OH)^2} = \underset{\text{soude caustique}}{2NaOH} + \underset{\text{carbonate de calcium}}{CO^3Ca}.$$

38. Propriétés et usages. — Jetons de la soude dans une petite quantité d'eau : nous la voyons se dissoudre facilement (à 15°, 50 g. peuvent se dissoudre dans 100 g. d'eau); nous constatons en même temps que la solution s'échauffe. La soude tend donc fortement à s'unir à l'eau. Si on laisse à l'air un morceau de soude, on le voit devenir peu à peu humide, puis, au bout de quelque temps, former une solution avec l'humidité de l'air dont elle s'est emparé. C'est donc un corps *déliquescent*, comme le sel de cuisine (27). De plus, laissée longtemps à l'air, la soude se transforme en une matière blanche, qui n'est autre que du carbonate de sodium, des cristaux (37), résultat de sa combinaison avec le gaz carbonique de l'air (19). C'est pour ces raisons qu'on emploie quelquefois en chimie des tubes contenant des morceaux de soude : les gaz qui les traversent lentement y laissent l'humidité et le gaz carbonique qu'ils renferment.

On verra plus loin (48) que la soude est une *base* énergique.

Elle attaque les tissus de l'organisme. Son contact suffit pour dissoudre plus ou moins les aspérités de la peau. C'est pour cela qu'elle est dite *caustique*. Elle est un poison, elle corrode et perce les parois du tube digestif.

Elle sert à la fabrication des savons et du sodium et à l'électrolyse de l'eau, qu'elle rend conductrice (9).

CHLORURES DÉCOLORANTS

39. Composition. — On désigne sous le nom de *chlorures décolorants* des mélanges de deux composés : l'un de chlore et d'un métal, l'autre de chlore, d'oxygène et du même métal ; le premier est un *chlorure* de ce métal, le second un *hypochlorite.* Selon que le métal est celui qui existe dans la chaux (calcium) ou bien le sodium, on a les deux chlorures décolorants principaux : le *chlorure de chaux* (1) et (en solution) l'*eau de Javel.*

40. Préparation. — **Chlorure de chaux** ($CaOCl^2$). — On l'obtient solide en faisant passer un lent courant de chlore sur de la chaux éteinte, tamisée, étendue sur des tablettes en couches de 10 à 15 cm d'épaisseur. C'est une poudre blanche, à faible odeur de chlore.

Eau de Javel. — La solution d'hypochlorite et de chlorure de sodium ($ClONa + NaCl$) maintenant désignée sous ce nom (son vrai nom est eau de *Labarraque,* l'eau de *Javel* véritable contenant du potassium au lieu de sodium) s'obtient (29, II) en faisant réagir, par agitation de l'électrolyte, le chlore et la soude dégagés dans la décomposition de l'eau salée.

On peut aussi l'obtenir en mélangeant des solutions de carbonate de sodium et de chlorure de chaux. Il y a réaction et production d'un corps solide en suspension. On le laisse se déposer peu à peu au fond du vase ; le liquide surnageant est de l'eau de Javel.

(1) On aura soin de se rappeler que le chlorure de chaux n'est pas un chlorure proprement dit (p. 43, note 1).

41. Propriétés et usages. — Les chlorures décolorants ont pour principale propriété de dégager du chlore et très souvent de l'oxygène sous l'action d'un acide. Nous avons vu (31) que le chlorure de chaux donne du chlore avec l'acide chlorhydrique. Ils sont de même décomposés par le gaz carbonique, que l'on peut regarder comme formant dans l'air un acide carbonique (19). Ils sont donc utilisables à la place du chlore et sont d'un usage beaucoup plus commode.

Un kilo de chlorure de chaux peut dégager 100 à 130 litres de chlore. De là leur emploi général comme désinfectants et décolorants. On met du chlorure de chaux dans les fosses d'aisances en solution de 2 à 5 %. Il sert pour le blanchiment du lin, du chanvre, etc., de la pâte à papier. L'eau de Javel est employée pour le blanchissage du linge. Enfin, les chlorures décolorants sont de très bons *antiseptiques*, c'est-à-dire qu'ils détruisent rapidement les microbes.

RÉSUMÉ DU CHAPITRE VIII

La *soude caustique* se prépare par l'électrolyse de l'eau salée. La solution obtenue est évaporée dans des capsules de fer ou d'argent, puis le résidu fondu et coulé sur des plaques de fer. On la conserve en flacons bien bouchés.

On l'obtient aussi chimiquement par action de la chaux sur le carbonate de sodium (*cristaux*) dissous.

Elle est très soluble dans l'eau (50 g. en 100 g. d'eau à 15°), déliquescente. Elle se combine avec le gaz carbonique de l'air pour former du carbonate de sodium. Elle sert à dessécher les gaz et retenir leur gaz carbonique.

C'est une base énergique. Elle est *caustique*, c'est-à-dire attaque les tissus de l'organisme.

On l'emploie dans la fabrication des savons et du sodium et dans l'électrolyse de l'eau, qu'elle rend conductrice.

Les *chlorures décolorants* sont des mélanges d'un chlorure (chlore et métal) et d'un hypochlorite (chlore, oxygène et même métal). On prépare le chlorure de chaux en faisant passer du chlore sur de la chaux éteinte ; c'est un solide blanc à faible odeur de chlore. On prépare l'eau de Javel (hypochlorite de sodium) en faisant réagir, par agitation, le chlore et la soude produits dans l'électrolyse de l'eau salée, ou encore en faisant réagir des solutions de carbonate de sodium et de chlorure de chaux.

Les chlorures décolorants dégagent du chlore sous l'action d'un acide, par exemple l'acide chlorhydrique, ou l'acide carbonique formé par le gaz carbonique de l'air. Ils sont utilisés à la place du chlore, moins facilement transportable, comme désinfectants, antiseptiques et décolorants.

CHAPITRE IX

ACIDE CHLORHYDRIQUE

Formule : HCl.
Représente 36 g, 5 — ou 22 l, 4 — d'acide chlorhydrique.

42. État naturel. — Ce gaz, qui résulte, comme nous l'avons vu (33), de la combinaison du chlore avec l'hydrogène, se dégage des volcans. Étant très soluble dans l'eau, il se dissout dans les ruisseaux qui descendent des montagnes volcaniques. Le suc gastrique (sécrété dans l'estomac) en contient de 2 à 3/1 000, et c'est pour faire face à cette production que l'homme a besoin de faire entrer du sel (chlorure de sodium) dans son alimentation.

43. Préparation. — On prépare l'acide chlorhydrique en décomposant le chlorure de sodium par l'acide sulfurique (combinaison de soufre, oxygène et hydrogène). Le résidu de la préparation est du sulfate acide de sodium (composé de soufre, oxygène, hydrogène et sodium) :

$$\underset{\text{chlorure de sodium}}{NaCl} + \underset{\text{acide sulfurique}}{SO^4H^2} = \underset{\text{sulfate acide de sodium}}{SO^4NaH} + \underset{\text{acide chlorhydrique}}{HCl\nearrow}.$$

On introduit dans un ballon muni d'un tube de sûreté et d'un tube à dégagement (*fig.* 35) du chlorure de sodium fondu (le chlorure de sodium ordinaire serait trop vite attaqué), puis on verse de l'acide sulfurique par le tube de sûreté et on chauffe modérément. Le gaz est recueilli sur le mercure. Comme il est plus lourd que l'air, on peut aussi le recueillir dans des flacons bien secs.

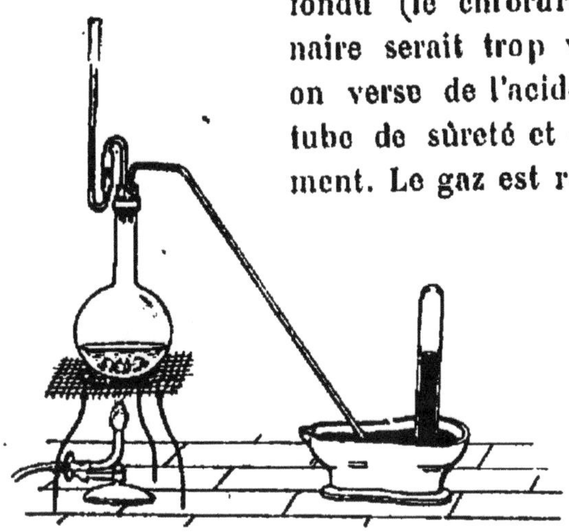

Fig. 35. — Préparation de l'acide chlorhydrique.

La *dissolution* d'acide chlorhydrique s'obtient en disposant à la suite du ballon précédent une série de flacons laveurs contenant de l'eau pure. Les tubes qui amènent le gaz dans chaque flacon plongent de quelques millimètres seulement, de sorte que la dissolution, plus dense que l'eau, gagne le fond au fur et à mesure de sa formation.

Dans l'industrie, le sel marin et l'acide sulfurique sont chauffés dans des fours; la température étant très élevée, le sulfate acide de sodium formé réagit sur le sel marin, et le résultat est du sulfate neutre de sodium (qui ne contient que du soufre, de l'oxygène et du sodium) :

$$2\,NaCl + SO^4H^2 = \underset{\text{sulfate neutre de sodium}}{SO^4Na^2} + 2HCl \nearrow.$$

L'acide chlorhydrique qui se dégage traverse successivement une série de bonbonnes et une tour remplie de coke (*fig.* 36); l'eau circule en sens inverse et se charge de plus en plus d'acide chlorhydrique.

La dissolution courante du commerce est d'un jaune d'ambre; elle contient un certain nombre d'impuretés, notamment du chlorure de fer, qui lui donne sa couleur jaune et provient de l'attaque de la fonte des fours par l'acide chlorhydrique.

On peut encore obtenir de l'acide chlorhydrique en laissant couler lentement de l'acide sulfurique dans la dissolution commerciale de ce gaz légèrement chauffée. Ce gaz, n'étant guère soluble dans l'acide sulfurique étendu, se dégage.

44. Propriétés physiques. — L'acide chlorhydrique est un gaz incolore fumant à l'air; ces fumées sont dues à des gouttelettes formées par l'humidité de l'air à laquelle le gaz s'est uni, en produisant une solution moins volatile. Il a une odeur suffocante et une saveur fortement acide. Il est un peu plus lourd que l'air : 1 l. pèse

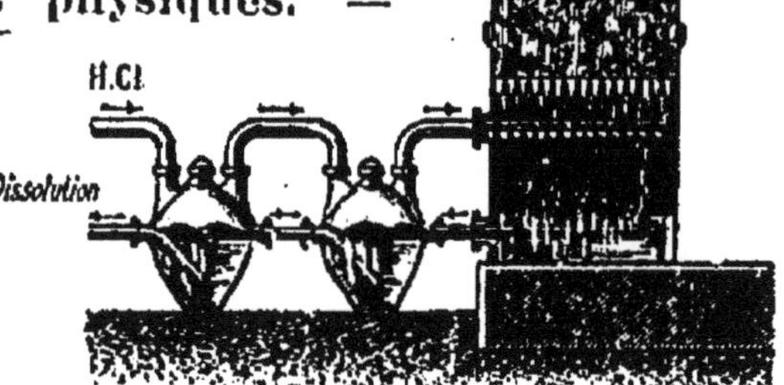

Fig. 36. — Condensation industrielle de l'acide chlorhydrique.

1 g, 641 ; 1 l. d'air pesant 1 g, 293, sa densité est 1,27.

L'eau, à 0°, dissout 500 fois son volume d'acide chlorhydrique. Pour mettre en évidence cette grande solubilité, on ferme un flacon plein de ce gaz par un bouchon portant un tube dont l'extrémité intérieure est effilée et l'autre fermée à la lampe (*fig.* 37). On brise cette dernière après l'avoir introduite dans un vase contenant de l'eau colorée par du tournesol bleu : l'eau s'élève dans le flacon en formant un jet d'eau et en prenant une coloration rouge.

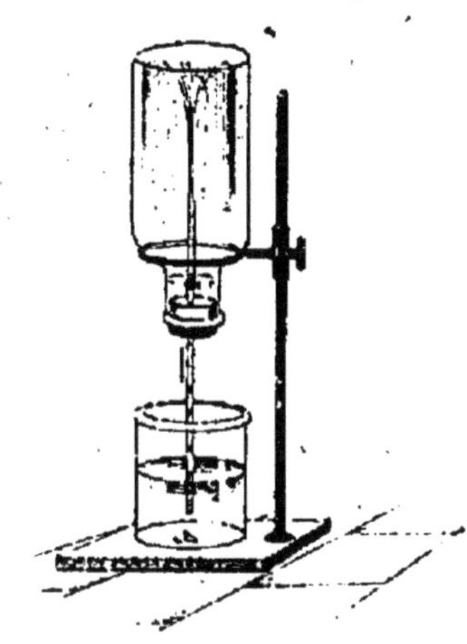

Fig. 37. — Solubilité de l'acide chlorhydrique.

On n'emploie l'acide chlorhydrique qu'à l'état de dissolution. Celle du commerce a une densité de 1,18 et contient par litre 250 l. de gaz.

L'acide chlorhydrique se liquéfie assez facilement ; il bout à — 35°.

45. Propriétés chimiques. — L'acide chlorhydrique rougit fortement le tournesol. Il n'est pas combustible, et une bougie allumée plongée dans ce gaz s'éteint.

Action sur les métaux. — Tous les métaux, sauf l'or et le platine, sont attaqués par l'acide chlorhydrique ; il se forme un chlorure (métal et chlore) et il se dégage de l'hydrogène.

La réaction se produit à froid et est très vive avec le zinc et avec l'aluminium :

$$\underset{\text{chlorure de zinc}}{Zn + 2HCl = ZnCl^2 + 2H.}$$

Avec l'étain, il faut chauffer légèrement. Enfin, le mercure et l'argent ne sont attaqués qu'au rouge sombre.

Action sur les composés. — Le *gaz ammoniac* se combine avec le gaz chlorhydrique volume à volume en formant du chlorure d'ammonium, que l'on a déjà produit par la réaction du chlore sur l'ammoniac (33). Il suffit de mettre en présence les bouchons des flacons à acide chlorhydrique et à ammoniaque pour voir apparaître aussitôt d'épaisses fumées blanches de ce chlorure (*fig.* 38).

Fig. 38. — Action de l'acide chlorhydrique sur l'ammoniaque.

L'acide chlorhydrique attaque la plupart des *oxydes métalliques* (métal et oxygène) ; il se produit un chlorure (métal et chlore) et de l'eau.

$$\underset{\text{oxyde de zinc}}{ZnO} + 2HCl = ZnCl^2 + H^2O.$$

Versons peu à peu de l'acide chlorhydrique dans une dissolution concentrée de potasse : il se formera un dépôt cristallin de chlorure de potassium, avec un important dégagement de chaleur.

46. Usages. — L'acide chlorhydrique sert à préparer le chlore, l'hydrogène, le gaz carbonique, etc. Dans l'industrie (où il a parfois conservé son ancien nom d'*esprit de sel*), on l'emploie pour préparer les chlorures décolorants, le chlorure d'ammonium, pour extraire la gélatine des os, décaper les métaux avant l'étamage et la galvanisation, décomposer les savons de chaux, laver les sables et argiles employés en céramique, épailler les laines. Ce dernier usage est une application de la propriété que possède la paille de s'émietter dans l'acide chlorhydrique, tandis que la laine y conserve sa souplesse.

Mélangé à l'acide azotique, il constitue l'*eau régale*, qui dissout l'or, le roi des métaux.

47. Composition de l'acide chlorhydrique. Loi des volumes. — Pour faire la *synthèse* de l'acide chlorhydrique (33), on abandonne à la lumière diffuse un système de deux flacons d'égal volume dont les cols s'emboitent exactement et qui ont été remplis préalablement, l'un de chlore, l'autre d'hydrogène (*fig.* 39). Après quelques heures, la couleur du chlore a disparu : si on ouvre alors les deux flacons séparément sur le mercure, on constate que le volume n'a pas changé. De plus, une petite quantité d'eau introduite dans chaque flacon absorbe complètement le gaz.

On déduit de cette expérience qu'*un volume* d'hydrogène, en se combinant avec *un volume* de chlore, forme *deux volumes* d'acide chlorhydrique. Cette observation nous rappelle celle que nous avons faite dans la synthèse de l'eau (4) : un volume d'oxygène et deux d'hydrogène donnent deux volumes de vapeur d'eau. Dans les deux cas les rapports de volumes des gaz qui entrent dans la réaction sont des rapports très simples. Si on examine à ce point de vue les autres réactions, on constate toujours cette même simplicité.

Fig. 39. — Synthèse de l'acide chlorhydrique.

Il y a là une loi générale, que l'on appelle loi des combinaisons en volume et que l'on peut énoncer ainsi :

Les volumes de deux gaz qui se combinent sont dans un rapport simple, et le volume du composé formé, s'il est gazeux, est dans un rapport simple avec les volumes des composants.

Action sur l'organisme. — Les vapeurs d'acide chlorhydrique exercent une action très irritante sur les poumons ; elles provoquent la toux, les larmes, quelquefois des crachements de sang. La dissolution, introduite dans le tube digestif, y produit des ulcérations profondes ; son contrepoison est la magnésie calcinée, qui forme du chlorure de magnésium.

48. Acides. Bases. Sels. — L'acide chlorhydrique, nous l'avons vu (45), rougit la teinture de tournesol. Il donne avec les métaux de l'hydrogène et une combinaison de chlore et de métal, appelée chlorure, son hydrogène étant remplacé par le métal. Il réagit de même sur les oxydes, avec formation des mêmes chlorures résultant du remplacement de l'hydrogène par le métal. Avec la soude il y a vive réaction et formation de chlorure de sodium et eau.

Or il y a beaucoup de corps qui se comportent comme l'acide chlorhydrique. Pour rappeler cet ensemble de propriétés communes, on donne aux corps qui en jouissent le nom d'*acides*.

Il y a de même un certain nombre de corps qui se comportent vis-à-vis des acides comme la soude, c'est-à-dire donnent, avec dégagement de chaleur, de l'eau et un composé dû au remplacement de l'hydrogène de l'acide par le métal des corps en question. De plus ils bleuissent le tournesol. On rappelle ces propriétés en donnant à ces corps le nom de *bases*.

On donne le nom de *sels* aux composés formés par les acides et les bases, tels que le chlorure de sodium.

Une propriété commune aux acides, bases et sels, c'est que leurs solutions dans l'eau sont conductrices de l'électricité, avec décomposition de l'électrolyte. Il n'en est pas de même des solutions des autres corps, qui ne peuvent pas être décomposés de cette façon.

Tous les corps qui jouissent d'un même ensemble de propriétés chimiques importantes forment ainsi un groupe ; on dit qu'ils ont même *fonction chimique*. Nous venons de voir les caractères des fonctions acide, base et sel.

CHLORURES

49. Chlorures. — Les chlorures sont les sels correspondant à l'acide chlorhydrique ; ils sont formés de chlore et d'un métal.

Le chlorure naturel le plus important est le *chlorure de*

sodium (26). Le *chlorure de potassium* et le *chlorure de magnésium* accompagnent souvent le chlorure de sodium. Enfin on trouve dans la nature une petite quantité de *chlorure d'argent.*

Préparation. — Quelques chlorures s'obtiennent par l'action directe du chlore sur le métal (chlorures d'étain, de fer); la plupart des autres se préparent en faisant agir l'acide chlorhydrique sur le métal ou sur un composé contenant le métal: le zinc, au contact de l'acide chlorhydrique, se transforme en chlorure de zinc (45); c'est en dissolvant le carbonate de calcium dans l'acide chlorhydrique qu'on obtient le chlorure de calcium.

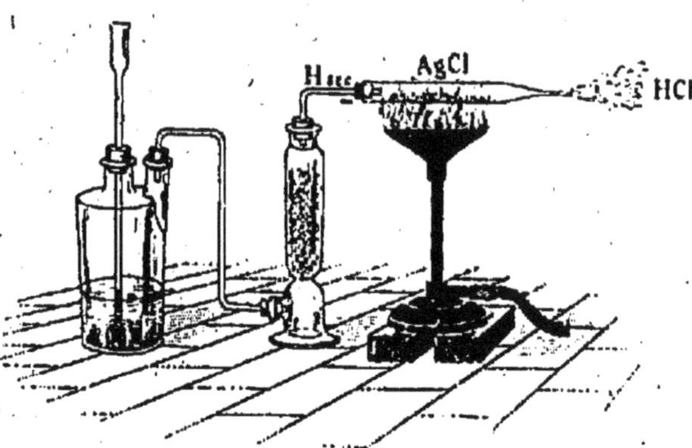

FIG. 40. — Réduction du chlorure d'argent par l'hydrogène.

Propriétés. — Les chlorures sont généralement solubles dans l'eau ; le chlorure d'argent est insoluble. L'*hydrogène* réduit la plupart des chlorures à une température plus ou moins élevée (11) : il s'empare du chlore pour former de l'acide chlorhydrique, et le métal est mis en liberté. La réduction est facile à constater avec le chlorure d'argent (*fig.* 40) :

$$AgCl + H = Ag + HCl.$$

Caractères. — Pour caractériser un chlorure solide, on le chauffe avec un peu de *bioxyde de manganèse* et d'*acide sulfurique concentré* ; il se dégage du chlore, reconnaissable à sa couleur verdâtre et à son odeur caractéristique.

Si le chlorure est en dissolution, il donne (de même que l'acide chlorhydrique) avec l'*azotate d'argent* un précipité de chlorure d'argent, blanc, devenant violet à la lumière ; ce précipité est soluble dans l'ammoniaque.

RÉSUMÉ DU CHAPITRE IX

L'*acide chlorhydrique* se prépare en chauffant dans un ballon du sel marin fondu avec de l'acide sulfurique ; il reste du sulfate acide de sodium, et le gaz qui se dégage est recueilli à sec ou sur le mercure.

C'est un gaz incolore, à odeur piquante. L'eau en dissout 500 fois son volume à 0°. Cette dissolution s'obtient en faisant passer le gaz dans des flacons laveurs contenant de l'eau distillée ; elle est incolore et fume à l'air.

L'acide chlorhydrique n'est pas combustible. C'est un acide énergique. Tous les métaux, sauf l'or et le platine, sont attaqués par lui, avec formation de chlorure et dégagement d'hydrogène. Au contact de l'ammoniaque, il produit des fumées blanches de chlorure d'ammonium.

Cet acide sert à préparer l'hydrogène, le chlore, la plupart des chlorures métalliques. On l'emploie pour décaper le fer, épailler les laines, etc. Avec l'acide azotique, il forme l'eau régale.

Deux gaz s'unissent toujours dans un rapport simple et le volume du composé, s'il est gazeux, est dans un rapport simple avec les volumes des composants (loi des combinaisons en volume). Ainsi, un volume d'hydrogène, en se combinant à un volume de chlore, donne deux volumes d'acide chlorhydrique.

On appelle *acides* les corps dont l'hydrogène peut être remplacé par un métal, donnant ainsi un composé appelé *sel*. Les acides rougissent le tournesol. Les *bases* sont les corps qui, réagissant sur les acides, donnent de l'eau et un sel. Les corps ayant un ensemble de propriétés chimiques communes ont la même *fonction chimique* ; exemples : les fonctions acide, base et sel.

Les *chlorures* correspondent à l'acide chlorhydrique. Le plus répandu dans la nature est le chlorure de sodium. On les prépare par l'action du chlore sur le métal, de l'acide chlorhydrique sur le métal ou un carbonate, etc.

Les chlorures sont presque tous solubles dans l'eau. L'hydrogène les réduit pour la plupart (réduction du chlorure d'argent).

CHAPITRE X

AMMONIAQUE

Formule : AzH^3.
Représente 17 g. — ou 22 l,4 — d'ammoniac.

50. État naturel. — Le composé gazeux d'azote et d'hydrogène appelé *ammoniac* se produit dans la putréfaction ou la décomposition par la chaleur des matières organiques renfermant de l'azote : les eaux vannes, les urines putréfiées dégagent de l'ammoniac quand on les distille avec de la chaux. On trouve une petite quantité d'ammoniac dans l'air à l'état de carbonate et d'azotate.

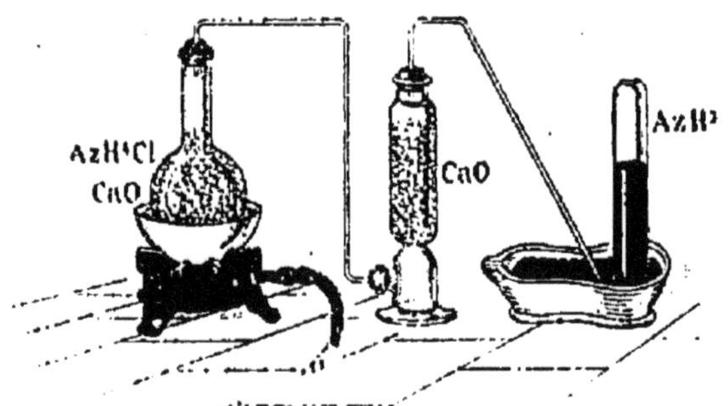

Fig. 41. — Préparation du gaz ammoniac.

En général, on appelle *gaz ammoniac* le gaz lui-même, et on réserve le nom d'*ammoniaque* à sa dissolution dans l'eau.

51. Préparation. — *Dans l'industrie*, on obtient le

gaz ammoniac en distillant des urines putréfiées, des eaux d'épuration des usines à gaz, etc., avec de la chaux éteinte. On reçoit le gaz dans l'eau, où il se dissout. Cette solution est l'*ammoniaque* du commerce, appelée aussi quelquefois *alcali volatil*.

Dans les laboratoires, on prépare le gaz ammoniac en décomposant le sel ammoniac ou chlorure d'ammonium (composé d'azote, d'hydrogène et de chlore) par la chaux. Il se produit du chlorure de calcium, de l'eau et de l'ammoniac :

$$\underset{\text{chlorure d'ammonium}}{2AzH^4Cl} + \underset{\text{chaux}}{CaO} = \underset{\text{chlorure de chaux}}{CaCl^2} + H^2O + \underset{\text{ammoniac}}{2AzH^3}.$$

On broie rapidement dans un mortier de la chaux vive avec du chlorure d'ammonium pulvérisé, puis on introduit ce mélange dans un ballon que l'on achève de remplir jusqu'au col avec des fragments de chaux vive (*fig.* 41). La réaction commence à froid ; on l'active en chauffant au bain de sable. Le gaz ammoniac traverse une éprouvette contenant de la chaux vive, qui achève de le dessécher ; à cause de sa grande solubilité dans l'eau, on le recueille sur le mercure ou par déplacement dans des flacons très secs renversés l'ouverture en bas.

On obtient plus rapidement et plus simplement du gaz ammoniac en chauffant doucement l'ammoniaque du commerce dans un petit ballon.

Quand on prépare la dissolution ammoniacale dans les laboratoires, les tubes à dégagement doivent plonger jusqu'au fond des flacons, car la dissolution est plus légère que l'eau. L'appareil est terminé par une éprouvette contenant de l'acide sulfurique destiné à absorber le gaz en excès (*fig.* 42).

52. Propriétés physiques. — Le gaz ammoniac a une

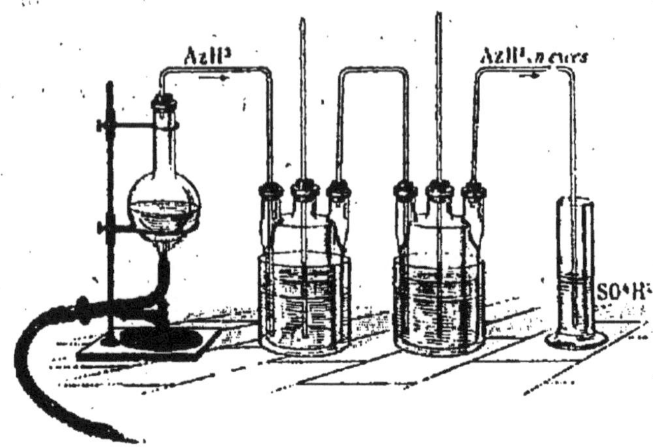

Fig. 42. — Préparation de la dissolution ammoniacale pure.

odeur vive et pénétrante. Sa densité n'est que 0,59 (1 l. pèse 0 g, 76).

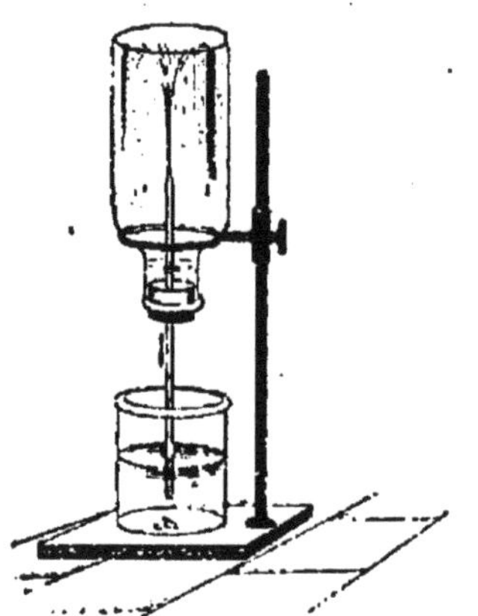

Fig. 43. — Solubilité du gaz ammoniac.

L'eau dissout plus de 1 000 fois son volume de gaz ammoniac à la température ordinaire. Cette extrême solubilité peut être mise en évidence, comme pour l'acide chlorhydrique (44), en faisant l'expérience du jet d'eau (*fig.* 43); l'eau colorée en rouge par du tournesol bleuit en pénétrant dans le flacon, parce que l'ammoniaque est une base énergique.

Le gaz ammoniac est facilement liquéfiable. Il bout à — 35°. On le vend liquide dans des cylindres d'acier analogues à ceux qui servent pour le chlore. 1 litre du liquide donne environ 825 litres de gaz.

53. Propriétés chimiques. — Le gaz ammoniac passant dans un tube de porcelaine porté au rouge blanc se décompose en azote et hydrogène. Il se décompose de même si on le fait traverser par une longue série d'étincelles électriques. Le volume augmente jusqu'à devenir double. Si alors on introduit dans l'eudiomètre, avec de l'oxygène, le gaz résultant, une étincelle déterminera la formation d'eau et on constatera que 2 volumes de gaz ammoniac proviennent de la combinaison de 3 volumes d'hydrogène avec 1 volume d'azote.

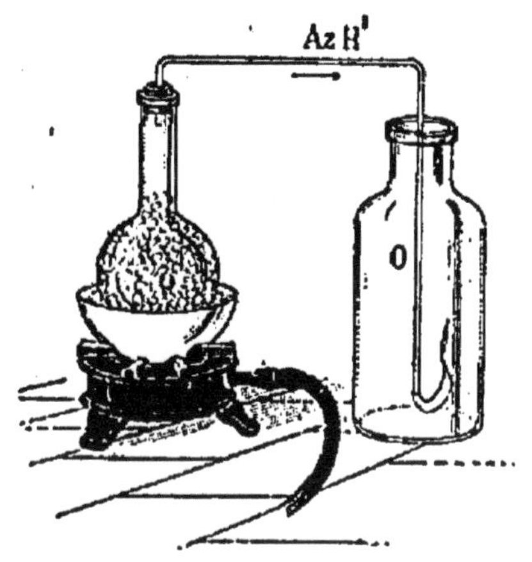

Fig. 44. — Combustion du gaz ammoniac dans l'oxygène.

Le gaz ammoniac ne brûle pas à l'air, mais un jet de ce gaz arrivant dans un flacon plein d'*oxygène* (*fig.* 44) peut être enflammé et brûle avec une flamme jaunâtre; il se forme de l'eau et l'azote reste libre :

$$2AzH^3 + 3O = 3H^2O + 2Az.$$

Le *chlore* décompose instantanément le gaz ammoniac ; il y a production de fumées blanches de chlorure d'ammonium (33).

Action sur les composés. — L'ammoniaque agit comme une base puissante. Elle bleuit la teinture de tournesol rougie par un acide, brunit la teinture de curcuma et verdit le sirop de violettes.

L'*acide chlorhydrique* se combine avec le gaz ammoniac à volumes égaux. Il se forme des fumées blanches, épaisses, de chlorure d'ammonium (*fig.* 45), corps qu'on obtient dans l'industrie en recevant le gaz ammoniac (51) dans l'acide chlorhydrique. Les *acides oxygénés* (que l'on étudiera plus loin) fixent directement le gaz ammoniac en donnant naissance à des corps, azotate d'ammonium, sulfate d'ammonium, etc., jouissant de toutes les propriétés des sels : cristallisation, solubilité dans l'eau, électrolytisme, etc. Aussi considère-t-on l'ammoniaque comme une base véritable, analogue à la soude, et les composés ci-dessus comme des sels, les *sels ammoniacaux*, où le métal serait un composé d'azote et d'hydrogène, AzH^4, appelé *ammonium*.

Fig. 45. — Formation de chlorure d'ammonium.

Action sur l'organisme. — Le gaz ammoniac provoque les larmes. Appliquée sur la peau, l'ammoniaque produit une sensation de cuisson. Introduite à l'intérieur à très petite dose, elle stimule le système nerveux ; à dose plus forte, c'est un poison irritant énergique.

54. Usages. — L'ammoniaque est un réactif très employé dans les laboratoires. Dans l'industrie, elle sert à préparer les sels ammoniacaux, les soudes dites *à l'ammoniaque* (procédé Solvay) ; à dégraisser les laines, à laver les flanelles et les lainages blancs. Elle sert aussi, en médecine, à cautériser les morsures de vipères, les piqûres de guêpes, etc. On utilise le froid produit par l'évaporation du gaz ammoniac liquéfié pour obtenir de la glace.

RÉSUMÉ DU CHAPITRE X

L'*ammoniac* se produit principalement dans la putréfaction et dans la décomposition par la chaleur des matières organiques azotées.

On obtient dans l'industrie le gaz ammoniac en distillant avec de la chaux éteinte les urines putréfiées, les eaux d'épuration d'usines à gaz, etc. Dans les laboratoires, on le prépare en chauffant soit un mélange de chlorure d'ammmonium et de chaux vive, soit la dissolution ammoniacale du commerce. Le gaz est recueilli sur le mercure ou à sec.

Le gaz ammoniac a une odeur très vive. Il est extrêmement soluble dans l'eau ; sa solution est l'*ammoniaque* ou *alcali volatil*. Un jet de ce gaz peut être enflammé dans de l'oxygène et brûle en donnant de l'eau et de l'azote. Dans le chlore, l'inflammation est spontanée.

L'ammoniaque est une base puissante, qui s'unit par simple addition aux acides pour former les sels ammoniacaux.

On emploie l'ammoniaque en médecine, et dans les laboratoires comme réactif. Dans l'industrie, elle sert surtout à fabriquer les soudes et les sels ammoniacaux. Le gaz ammoniac liquéfié est utilisé pour produire du froid par son évaporation.

CHAPITRE XI

CORPS SIMPLES — CORPS COMPOSÉS

55. Analyse immédiate. — On comprend sous le nom d'*analyse immédiate* un certain nombre de procédés de nature mécanique ou physique permettant de diviser un corps donné en d'autres corps distincts.

Un premier procédé, assez grossier, consiste à séparer à la main les morceaux présentant le même aspect. Ainsi, pour le minerai de fer, c'est-à-dire pour les composés du fer que l'on rencontre dans la nature et d'où l'on extrait ce métal, on procède d'abord à un triage par lequel on sépare les morceaux riches en fer de ceux qui n'en contiennent que très peu (terre, pierres, etc.), qui forment la partie stérile, la *gangue*.

Séparation selon la densité. — Un moyen plus parfait consistera à pulvériser le corps, de façon à avoir des grains assez petits pour ne contenir en général que l'un des corps à obtenir, l'oxyde de fer par exemple, et semblables comme dimensions. Si on soumet cette poudre à un courant d'eau ou d'air, tous les grains, étant de mêmes dimensions, tendront également à être entraînés, mais ceux de gangue, plus légers, le seront plus que ceux d'oxyde de fer, que l'on pourra recueillir séparément. De même, si un liquide est formé de liquides différents peu miscibles, il se divisera en couches superposées par ordre de densité ; on pourra soit faire écouler par le fond la plus dense, soit enlever avec précaution, par un siphon par exemple, la plus légère : on dira alors qu'on *décante* le liquide.

Séparation par le magnétisme. — Un aimant attirera seulement les corps magnétiques. Par exemple, dans un minerai de fer, il retiendra, ou fera dévier vers lui, les grains d'oxyde de fer.

Séparation selon la dissolubilité. — Quand on évapore l'eau de mer dans les marais salants, dans les premiers bassins se déposent divers composés de fer et de chaux ; puis, quand la concentration est suffisante, le chlorure de sodium cristallise à son tour, tandis que d'autres corps restent dissous. Inversement, par l'action d'un liquide donné, on pourra enlever d'un corps les parties qui sont les plus solubles dans ce liquide, en ne dissolvant que peu des autres.

Séparation d'après le point de fusion. — Refroidissons graduellement de l'eau de mer : à une certaine température, il se formera de la glace ne contenant presque que de l'eau, le chlorure de sodium restant dans la partie liquide.

Séparation d'après le point d'éullition. — Distillons de l'eau salée : les vapeurs condensées donnent de l'eau pure, tandis que le liquide restant non évaporé est de plus en plus salé. Liquéfions de l'air par refroidissement graduel : nous avons vu (21) que le premier liquide formé est de l'oxygène. Inversement, de l'air liquide s'enrichit en oxygène à mesure qu'il s'évapore.

Remarque. — Les divers procédés ci-dessus sont des opérations *fractionnées*. On dit, par exemple, qu'on fait la cristallisation fractionnée de l'eau de mer, parce qu'on fait cristalliser par fractions séparées les divers corps qu'elle contient. Par la distillation fractionnée de l'air liquide, on sépare une fraction gazeuse riche en azote d'une fraction liquide riche en oxygène.

56. Corps purs. — Si on fait l'analyse immédiate d'un corps par un procédé déterminé, puis que sur un des corps séparés on répète l'opération, et ainsi de suite tant que cette opération donne des corps différents ; enfin si on analyse de même, mais par un autre procédé, le corps obtenu, le produit de ces opérations par un autre procédé, etc., jusqu'à épuiser tous ceux-ci, on a pour résultat un corps dit *corps pur* ou *espèce chimique*. Un corps pur est donc un corps que l'on ne peut diviser en parties de propriétés différentes par *aucun* des procédés d'analyse immédiate. Les corps d'où on l'a extrait sont des *mélanges* de ce corps pur avec d'autres corps purs. Ainsi, l'eau obtenue par distillation est un corps pur, car on ne peut la subdiviser en d'autres corps par d'autres procédés : congélation, etc. Grâce à l'obtention des corps purs par l'analyse immédiate, on n'a plus à étudier que ceux-ci, en nombre limité, au lieu de l'infinité des mélanges qu'ils peuvent former. De plus, tandis que les propriétés des mélanges varient selon les proportions qu'ils contiennent, celles des corps purs sont toujours les mêmes et nettement définies : le point d'ébullition de l'eau pure est, par exemple, exactement 100° sous la pression 76 cm, puisque sans cela on pourrait séparer dans l'eau diverses parties par distillation fractionnée, et elle ne serait pas un corps pur.

57. Corps composés. — La plupart des corps purs peuvent, par des opérations formant l'*analyse chimique*, être à leur tour décomposés en des corps différents entre eux et avec le premier. L'eau est décomposée par l'électrolyse en deux gaz ; le chlorate de potassium chauffé donne de l'oxygène et du chlorure de potassium. Les corps qui peuvent ainsi se subdiviser en d'autres sont dits *composés.*

Les composés se distinguent des mélanges de bien des façons. Ce sont des corps purs, à propriétés bien définies (56). Ces propriétés, au lieu d'être intermédiaires entre celles des composants, en sont différentes, souvent profondément : ainsi la densité de l'eau est fort éloignée de celles des gaz qui la composent et de celle de leur mélange. Le changement dans lequel consiste l'union des composants, leur *combinaison,* est toujours accompagné d'un changement calorifique, d'un dégagement ou d'une absorption de chaleur (exemple : les combustions). Les mélanges se font — plus ou moins bien — en toutes circonstances, tandis que les combinaisons nécessitent des conditions particulières : une certaine température (il faut allumer les corps combustibles...), la lumière (combinaison du chlore et de l'hydrogène), etc. Enfin les combinaisons ne peuvent se faire en toutes proportions comme les mélanges (58).

58. Loi des proportions définies. — On a vu (4) que l'oxygène et l'hydrogène ne se combinaient qu'en des proportions bien déterminées pour former de l'eau, soit 1 volume du premier avec 2 volumes du second exactement. C'est là un fait général, qui est exprimé par la *loi des proportions définies* :

Pour former un composé déterminé, deux corps s'unissent toujours dans les mêmes proportions.

Il résulte de cette loi que, si on fait l'analyse d'un composé déterminé, on trouvera toujours les mêmes constituants unis dans les mêmes proportions.

59. Corps simples. Métaux et métalloïdes. — Si on fait l'analyse (1), autant qu'il est possible, de tous les corps, on obtient en fin de compte un petit nombre de corps, 80 environ, qui, en se combinant entre eux, forment tous les autres. On appelle ces corps *corps simples* ou *éléments*. On veut dire seulement par là qu'on n'a pas pu les décomposer jusqu'à présent, sans rien préjuger de leur substance même.

Parmi les corps simples, on en distingue un certain nombre, environ 60, sous le nom de *métaux*. Les corps que l'on comprend sous ce nom ont un éclat spécial, dit métallique. Ils sont bons conducteurs de la chaleur et de l'électricité, et la plupart peuvent être étirés en fils et réduits en lames. Ils sont tous solides à la température ordinaire, sauf le mercure. Au point de vue chimique, ils sont caractérisés par ce fait qu'ils ont au moins une base (49) parmi leurs composés.

Tous les corps simples autres que les métaux sont appelés *métalloïdes*. Les métalloïdes conduisent mal la chaleur et l'électricité et sont relativement légers par rapport aux métaux. Quatre d'entre eux sont gazeux à la température ordinaire : ce sont l'oxygène, l'azote, le chlore et le fluor; un seul est liquide : le brome ; les autres sont solides et ne possèdent généralement pas l'éclat métallique. Quant à

---

(1) Bien entendu, on déterminera la composition d'un corps, encore plus exactement que par l'analyse, en le reformant par combinaison de ses composants, en en faisant la synthèse (4).

l'hydrogène, l'ensemble de ses propriétés le place entre les métalloïdes et les métaux.

La division des éléments en métaux et métalloïdes est de peu d'importance et d'ailleurs peu nette. Ainsi, l'antimoine est parfois encore considéré comme un métal, l'iode a un éclat métallique, etc.

60. Loi de la conservation de la matière. — Les corps, en se combinant, forment des composés ayant leurs propriétés particulières et pouvant à leur tour être décomposés, détruits. A travers tous ces changements, le poids de l'ensemble considéré ne change pas : 2 g. d'hydrogène et 16 g. d'oxygène donnent exactement $2 + 16 = 18$ g. d'eau, qui, décomposés, redonneront les poids initiaux des deux gaz. Relativement au poids, les corps ne sont donc pas modifiables par leur état de combinaison, comme ils le sont pour d'autres propriétés ; ils se comportent sous ce rapport de la même façon qu'un mélange. C'est ce qu'exprime la loi suivante, dite *loi des poids :*

Le poids d'un composé est égal à la somme des poids des corps qui le constituent.

Si on définit essentiellement la matière comme quelque chose qui est mesuré par son poids, on voit que la matière dans ses transformations n'éprouve aucune diminution ni aucun accroissement, ni perte ni création.

La loi des poids, énoncée par Lavoisier en 1789, peut être considérée comme le point de départ de la chimie moderne.

RÉSUMÉ DU CHAPITRE XI

L'*analyse immédiate* permet de subdiviser un corps en plusieurs autres différents entre eux. Elle peut consister en un triage mécanique ou reposer sur la différence des propriétés physiques des corps séparés : on utilise ainsi les différences de la densité, du magnétisme, de la solubilité, de la fusibilité, des points d'ébullition... Par ces opérations *fractionnées* on sépare des fractions du corps douées de propriétés différentes.

En épuisant la série des procédés d'analyse immédiate sur les produits successifs qu'on obtient, on arrive à des corps que l'on ne peut plus subdiviser ainsi : on les appelle *corps purs*. Ils sont en nombre limité, et leurs propriétés sont bien déterminées, par suite même des opérations ayant permis de les obtenir et définir.

La plupart des corps purs peuvent, par le moyen de l'analyse chimique, être subdivisés à leur tour, ce sont donc des *composés*, résultant de la *combinaison* d'autres corps. Une combinaison se distingue d'un mélange en ce que : les composés sont des corps purs à propriétés bien déterminées ; ces propriétés diffèrent de celles des composants ; une combinaison se fait avec dégagement ou absorption de chaleur, en nécessitant certaines circonstances (chaleur : allumage des combustibles ; lumière : combinaison de chlore et hydrogène) ; et enfin elle a lieu entre des proportions déterminées des composants (*loi des proportions définies*).

Les corps que l'on ne sait pas décomposer sont dits *corps simples* ou *éléments*. Il y en a environ 80.

Les *métaux* (il y en a 60 environ) ont un éclat métallique et conduisent la chaleur et l'électricité ; ils sont solides, sauf le mercure, et en général façonnables en fils et plaques. Ils forment chacun au moins une base.

Tous les corps simples autres que les métaux s'appellent *métalloïdes*.

Le poids des composants est égal au poids du composé (*loi des poids*).

CHAPITRE XII

NOTATION CHIMIQUE

61. Symboles des corps simples. — On appelle symbole d'un corps simple une désignation abrégée de ce corps. On est convenu de prendre comme symbole de chaque corps la lettre initiale du nom (par exemple O pour l'oxygène) ou, pour distinguer les éléments dont le nom commence par la même lettre, cette initiale avec une autre lettre prise dans la suite du nom (ainsi, carbone = C, chlore = Cl, cuivre = Cu). Il y a quelques exceptions, dues à ce que le nom où l'on a pris les lettres des symboles n'est plus employé (par exemple Na, symbole du sodium, vient du nom latin *natrium*). L'azote a pour symbole soit Az, soit N, initiale de *nitrogène* (nom surtout usité en Allemagne et en Angleterre).

62. Poids atomiques. — On est convenu de faire représenter aux symboles des poids déterminés des corps, que l'on appelle poids atomiques. Ainsi H représente un poids 1 d'hydrogène et O un poids 16 d'oxygène. L'unité de poids n'est pas fixée, de sorte que les nombres n'indiquent que des rapports : O représente un poids d'oxygène 16 fois plus grand que le poids d'hydrogène représenté par H.

En général, dans les calculs, on convient de prendre le gramme pour unité ; les poids atomiques sont alors appelés des atomes-grammes ; ainsi Az représente 14 g. d'azote.

63. Volumes atomiques. — C'est le volume occupé par un atome-gramme d'un corps gazeux ou à l'état de vapeur, ce volume étant mesuré à 0° et sous la pression 76 cm. Il est donc déterminé par le poids atomique et par la densité du corps à l'état gazeux. Les nombres adoptés comme atomes-grammes sont tels que les volumes atomiques correspondants sont tous égaux à environ

$$\frac{22\text{ l},4}{2} = 11\text{ l},2$$

(exception faite pour quelques corps, notamment le phosphore, dont le volume atomique est $\frac{22,4}{4}$).

64. Tableau des poids atomiques. — Nous donnons ci-dessous un tableau des principaux éléments avec leurs poids atomiques en nombres ronds.

MÉTALLOÏDES			MÉTAUX		
ÉLÉMENT	SYMBOLE	POIDS ATOMIQUE	ÉLÉMENT	SYMBOLE	POIDS ATOMIQUE
Antimoine	Sb	120	Aluminium	Al	27
Argon	Ar	40	Argent	Ag	108
Arsenic	As	75	Baryum	Ba	137,5
Azote	Az ou N	14	Calcium	Ca	40
Bore	B	11	Chrome	Cr	52
Brome	Br	80	Cuivre	Cu	63,5
Carbone	C	12	Étain	Sn	119
Chlore	Cl	35,5	Fer	Fe	56
Fluor	F	19	Magnésium	Mg	24,5
Hélium	He	4	Manganèse	Mn	55
Hydrogène	H	1	Mercure	Hg	200
Iode	I	127	Nickel	Ni	59
Krypton	Kr	83	Or	Au	197
Néon	Ne	20	Platine	Pt	195
Oxygène	O	16	Plomb	Pb	207
Phosphore	P	31	Potassium	K	39
Silicium	Si	28	Sodium	Na	23
Soufre	S	32	Uranium	U	238,5
Xénon	X	130	Zinc	Zn	65,5

65. Formules des corps composés. — Les symboles des corps simples servent par leur groupement à désigner les composés : on écrit successivement les symboles des composants et on indique par des exposants quel nombre d'atomes-grammes de chaque élément est entré dans la combinaison ; on obtient ainsi la *formule* du corps.

Par exemple, la formule de l'eau, H^2O, indique qu'elle est composée de $2 \times 1 = 2$ g. d'hydrogène et 16 g. d'oxygène. On remarquera que les exposants des divers composants sont toujours *entiers*.

Poids moléculaires. — Le poids moléculaire est le nombre qu'on obtient en remplaçant dans la formule chaque symbole par le poids atomique correspondant et en additionnant. En prenant le gramme pour unité, on fait représenter par les symboles des atomes-grammes, et le poids moléculaire devient la *molécule-gramme*. D'après la formule H^2O, la molécule-gramme de l'eau vaut

$$2 \times 1 + 16 = 18 \text{ g.}$$

En vertu de la loi de la conservation des poids (60), la molécule-gramme indique à la fois le poids total des composants et celui du composé.

Volumes moléculaires. — Ce sont les volumes des composés gazeux, mesurés à 0° et sous la pression 76 cm, correspondant aux molécules-grammes. Un fait remarquable est que tous les composés ont même volume moléculaire : 22 l, 4 environ.

66. Équations ou formules de réaction. — On entend par réaction tout changement chimique. On peut noter facilement une réaction déterminée en indiquant les circonstances où elle se produit (température, solution, etc.), et en écrivant d'abord la série des corps en présence avant le changement reliés par des signes +, puis celle des corps que l'on trouve après, reliés par des signes +, les deux parties étant séparées par le signe =. On remplacera le nom des corps par leur symbole ou formule précédé d'un coefficient servant à indiquer le poids du corps qui entre en jeu. Ainsi la formation de l'eau par combustion de l'hydrogène sera figurée de la façon suivante :

$$2H + O = H^2O.$$

La molécule-gramme représentant le poids total des composants aussi bien que celui du composé (65), on voit que chaque élément doit se trouver un même nombre de fois dans chaque membre de l'égalité.

PROBLÈMES

67. Densités à l'état gazeux. — Densité des corps simples. — Nous avons vu (63) que, pour les éléments étudiés dans ce livre, l'atome-gramme m du corps à l'état gazeux a un volume de 11 l, 2 environ, mesuré à 0° et sous la pression 76 cm. Le poids p d'un litre de ces corps s'obtiendra en divisant l'atome-gramme par ce volume :

$$p = \frac{2m}{22,4}.$$

Ainsi, le poids atomique de l'oxygène étant 16, 16 g. de ce gaz occupent à 0° et sous la pression 76 cm un volume de 11 l, 2, et le poids d'un litre est $p = \frac{2 \times 16}{22,4} = 1,43$.

Le poids d'un litre d'air étant 1 g,293, la densité d d'un des éléments[1] par rapport à l'air sera

$$d = \frac{p}{1,293} = \frac{2m}{22,4 \times 1,293} = \frac{2m}{28,9} \text{ environ.}$$

(1) Pour le phosphore ($P = 31$), comme le volume atomique est $\frac{22\text{ l},4}{4}$ seulement, le poids du litre de vapeurs est $\frac{4 \times 31}{22,4}$ g. et leur densité $\frac{4 \times 31}{28,9}$.

Ainsi la densité de l'oxygène est environ $\frac{2 \times 16}{28,9} = 1,10$.

Inversement, connaissant la densité ou le poids du litre d'un élément à l'état gazeux, on peut facilement en retrouver le poids atomique. Les formules ci-dessus donnent en effet $m = \frac{22,4\,p}{2}$ et $m = \frac{28,9\,d}{2}$.

Densité des composés. — La molécule-gramme M d'un composé à l'état gazeux ayant un volume de 22 l, 4 environ (65), un litre pèsera $p = \frac{M}{22,4}$, et la densité sera

$$d = \frac{p}{1,293} = \frac{M}{22,4 \times 1,293} = \frac{M}{28,9}.$$

Ainsi, pour l'acide chlorhydrique, HCl, la molécule-gramme vaut $1 + 35,5 = 36$ g, 5 ; elle a un volume de 22 l, 4 ; donc 1 litre pèse $\frac{36,5}{22,4} = 1$ g, 63 environ, et la densité est

$$\frac{36,5}{28,9} = 1,26 \text{ environ.}$$

68. Réactions en volume à l'état gazeux. — Nous savons que les composés ont des formules représentant 22 l, 4 du corps à l'état gazeux ; que, d'autre part, les symboles des éléments gazeux ou à l'état de vapeur étudiés dans ce livre représentent un volume de $\frac{22\text{ l},4}{2}$. Donc le volume des composés est le double du volume de chacun de ces éléments. On pourra ainsi facilement comparer les volumes gazeux des corps réagissant. Par exemple, la formule qui exprime la formation de l'eau, $\underset{2\text{ vol.}}{2H} + \underset{1\text{ vol.}}{O} = \underset{2\text{ vol.}}{H^2O}$, met en évidence que le volume de vapeur d'eau produit est le même que celui de l'hydrogène et la moitié de celui de l'oxygène.

69. Réactions en poids. — Cherchons par exemple quel poids d'hydrogène peuvent produire 3 g. d'acide sulfurique, SO^4H^2, d'après la réaction

$$SO^4H^2 + Zn = SO^4Zn + 2H.$$

On voit que SO^4H^2, soit, en se reportant au tableau des poids atomiques, un poids de

$$32 + 4 \times 16 + 2 \times 1 = 98 \text{ g. d'acide sulfurique,}$$

a produit 2H, soit 2 g. d'hydrogène ; donc 3 g. produiront

$$\frac{2}{98} \times 3 = 0 \text{ g}, 061.$$

Il est souvent commode dans les problèmes d'écrire sous les symboles et formules d'une équation chimique les poids correspondant aux formules des corps en question.

Ainsi, cherchons combien, d'après la réaction ci-dessus, il faut d'acide sulfurique pour produire 2 g. de sulfate de zinc (SO^4Zn). Nous écrirons :

$$\underset{98}{SO^4H^2} + Zn = \underset{161,5}{SO^4Zn} + 2H..$$

1 g. de sulfate de zinc correspond donc à $\frac{98}{161,5}$ d'acide,

et 2 g. à $$\frac{98}{161,5} \times 2 = 1 \text{ g}, 213.$$

70. Réactions en poids et en volume. — 1° *Quel*

volume de gaz ammoniac (AzH^3) *produiront 10 g. de chlorure d'ammonium* (AzH^4Cl), *selon la réaction*

$$2AzH^4Cl + CaO = CaCl^2 + H^2O + 2AzH^3 ?$$

On écrira sous les corps dont il est question dans l'énoncé, gaz ammoniac et chlorure d'ammonium, les poids ou les volumes correspondants, selon qu'il est question de l'un ou de l'autre. Ainsi

$$\underset{2 \times 53\,g,5}{2AzH^4Cl} + CaO = CaCl^2 + H^2O + \underset{2 \times 22\,l,4}{2AzH^3}.$$

On voit que 2×53 g, 5 de chlorure d'ammonium produisent 2×22 l, 4 de gaz ammoniac. 1 g. donnera donc

$\frac{2 \times 22,4}{2 \times 53,5} = \frac{22,4}{53,5}$, et 10 g. donneront $\frac{22,4}{53,5} \times 10 = 4$ l, 186.

2° *Quelle masse de bioxyde de manganèse* (MnO^2) *faut-il employer pour dégager 3 l. de chlore d'après l'équation*

$$4HCl + MnO^2 = MnCl^2 + 2Cl + 2H^2O ?$$

On écrira ainsi la réaction :

$$4HCl + \underset{87\,g.}{MnO^2} = MnCl^2 + \underset{2 \times \frac{22\,l,4}{2}}{2Cl} + 2H^2O.$$

22 l, 4 de chlore sont obtenus avec 87 g. de bioxyde ; 1 l. le sera avec $\frac{87}{22,4}$ g, et 3 l. avec $\frac{87}{22,4} \times 3 = 11$ g, 651.

Remarque. — On voit qu'il est inutile dans ces questions de connaître les densités et qu'il n'y a pas non plus à les calculer.

RESUMÉ DU CHAPITRE XII

On représente les éléments par leur initiale, suivie, quand il y en a plusieurs dont le nom commence de même, d'une autre lettre du nom (C, Cl, Cu, etc.) : c'est leur symbole. Quelques symboles sont tirés de noms latins (Na, K, etc.).

Chaque symbole représente un certain poids du corps, son poids atomique. Si ce poids est exprimé en grammes, ce même nombre représente des atomes-grammes. Chaque atome-gramme d'un corps considéré à l'état gazeux correspond à un certain volume (mesuré à 0° et sous la pression 76 cm), que l'on appelle volume atomique. Les volumes atomiques sont tous égaux à $\frac{22\text{ l},4}{2}$ (exception faite pour quelques corps qui ne sont pas étudiés dans ce livre).

On représente un composé par une formule obtenue en écrivant successivement les symboles des éléments constituants, chacun étant affecté d'un exposant entier qui indique combien d'atomes de chaque corps entrent dans la combinaison. Une formule représente une masse du composé égale à la somme des masses des composants qui y figurent. Si on prend le gramme pour unité, la somme des atomes-grammes représente la molécule-gramme, qui a un volume gazeux constant de 22 l, 4 (mesuré à 0° et sous la pression 76 cm).

Pour figurer une réaction se produisant dans un cas donné, on écrit, en les reliant par des signes +, les corps en présence avant la réaction et, à la suite du signe =, les corps existant dans l'état final, en les reliant aussi par des signes +. La loi de la conservation des poids exige que l'on ait le même nombre d'atomes de chaque élément dans les deux membres.

Si p est le poids d'un litre d'un corps à l'état gazeux, mesuré à 0° et sous la pression 76 cm, m l'atome-gramme, M la molécule-gramme et d la densité, on a pour les composés et pour les éléments étudiés dans ce livre, $p = \frac{2m}{22,4}$ g. et $p = \frac{M}{22,4}$ g. ainsi que $d = \frac{2m}{28,9}$ ou $d = \frac{M}{28,9}$.

Pour résoudre les problèmes, il est commode d'écrire sous la formule de réaction les poids ou volumes — selon ce qui est donné ou demandé — des corps donnés et demandés dans l'énoncé : on voit tout de suite comment ils se correspondent et on en tire facilement la solution.

CHAPITRE XIII

SOUFRE

Symbole : S.
Représente 32 g. de soufre.

71. État naturel. — Le soufre a été connu de toute antiquité, car il existe à l'*état natif*, soit autour des volcans éteints, imprégnant les terres (solfatares de Pouzzolles près de Naples), soit en masses compactes, mélangées à du calcaire ou de la pierre à plâtre (soufrières de Sicile, mines de la Louisiane).

Le soufre est surtout répandu à l'état de *sulfures* (galène ou sulfure de plomb, blende ou sulfure de zinc, pyrites ou sulfures de fer et de cuivre) et de *sulfates* (gypse ou pierre à plâtre).

72. Extraction du soufre. — La majeure partie du soufre du commerce provient du soufre natif. Comme ce dernier n'est mélangé qu'à des matières terreuses ou bitumineuses, on l'en sépare facilement par la chaleur.

Procédé des calcaroni. — En Sicile, où le combustible est rare et le transport difficile, on traite le minerai sur place, et c'est le soufre lui-même qui sert de combustible. Sur un sol incliné, on construit avec le minerai une grande meule appelée *calcarone* (*fig.* 46), et on la recouvre de terre en laissant libre les ouvertures de quelques cheminées qui ont été ménagées dans la masse. Par ces ouvertures on introduit des branches allumées ; une partie du soufre brûle ; la chaleur provenant de sa combustion fait fondre l'autre partie, qui s'écoule au dehors par une ouverture ménagée à l'endroit le plus bas.

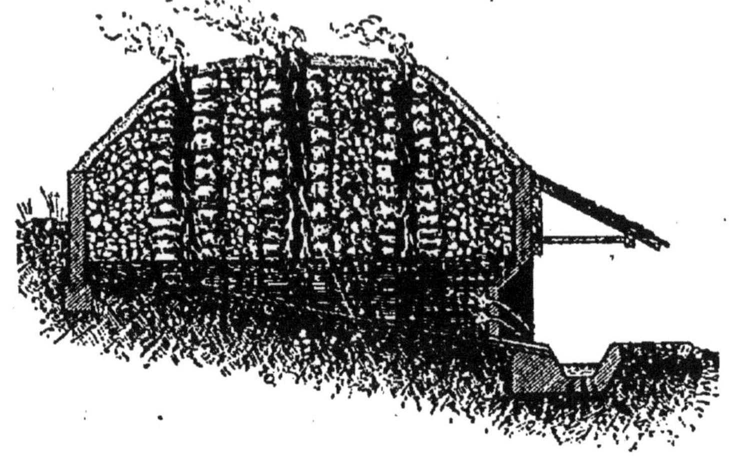

Fig. 46. — Procédé des calcaroni.

Ce procédé est expéditif, peu coûteux, mais fait perdre environ un tiers du soufre du minerai.

Fig. 47. — Extraction du soufre par distillation.

Extraction par distillation. — Ce procédé, délaissé depuis la baisse du prix du soufre, s'applique aux minerais pauvres provenant des solfatares. La terre soufrée est introduite dans des pots en fonte, disposés en deux rangées dans un four sur la grille duquel on brûle du bois (*fig.* 47). Les vapeurs de soufre vont se condenser à l'état liquide dans des récipients extérieurs, d'où le soufre fondu s'écoule dans un petit réservoir.

Extraction par la vapeur. — En Louisiane, le soufre se trouve à une assez grande profondeur. Pour l'extraire, on injecte dans le minerai, au moyen de tubes de fer enfoncés dans le sol, de la vapeur d'eau surchauffée. Par un tube concentrique, le soufre fondu remonte à la surface du sol.

Raffinage du soufre. — Le soufre brut ainsi obtenu

Fig. 48. — Raffinage du soufre brut.

renferme de 3 à 4 °/₀ d'impuretés, dont on le débarrasse en le raffinant. En France, le raffinage s'effectue principalement à Marseille.

Le soufre brut est introduit dans une chaudière en

fonte A (*fig.* 48), chauffée par la chaleur perdue du foyer : quand il est fondu, on le fait écouler dans une chaudière inférieure B, chauffée directement par le foyer. Les vapeurs de soufre qui s'en échappent se rendent dans une grande chambre en maçonnerie, sur les parois de laquelle elles se condensent d'abord en poudre très légère, constituant la *fleur de soufre*. Mais ces parois s'échauffent peu à peu et finissent par acquérir une température supérieure au point de fusion du soufre ; dès lors, les vapeurs se condensent à l'état de soufre liquide, qui se rassemble sur le sol incliné de la chambre. Par une ouverture que l'on débouche de temps à autre, on le fait écouler dans une petite chaudière, d'où il est coulé dans des moules en bois entourés d'eau froide. On obtient ainsi le *soufre en canons*.

On obtient aussi du soufre en utilisant l'action de la chaleur sur les sulfures métalliques (pyrites de fer FeS^2, blende ZnS). Le sulfure de fer, par exemple, perd le tiers de son soufre quand on le chauffe à l'abri de l'air :

$$3FeS^2 = Fe^3S^4 + 2S.$$

Enfin on retire du soufre des résidus provenant de la fabrication des soudes du commerce.

73. **Propriétés physiques.** — Le soufre est jaune citron, cassant, inodore. Son poids spécifique est 2 g, 07 (soufre naturel cristallisé). Il est mauvais conducteur de la chaleur et de l'électricité ; ainsi un canon de soufre plongé dans l'eau chaude fait entendre des craquements dus à ce que les couches extérieures se dilatent et se séparent des parties intérieures non échauffées ; d'un autre côté, un canon de soufre frotté avec un morceau de drap s'électrise et attire les corps légers.

Le soufre est insoluble dans l'eau; il se dissout assez facilement dans la benzine, dans le pétrole. Son dissolvant par excellence est le sulfure de carbone, qui en dissout beaucoup plus à chaud qu'à froid. En laissant évaporer lentement la dissolution saturée à chaud, on obtient des cristaux de soufre (*fig.* 49).

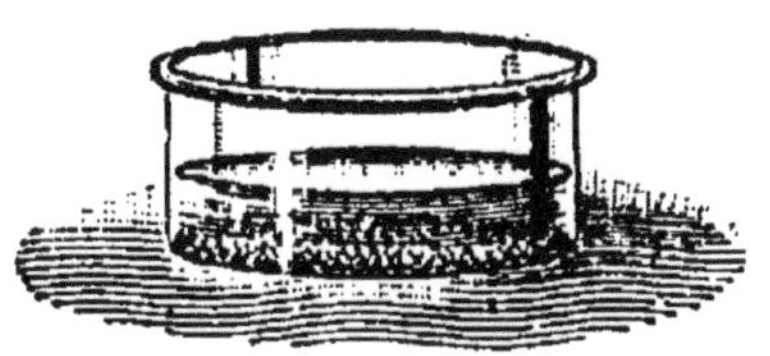

Fig. 49. — Cristallisation du soufre par voie humide.

On peut aussi faire cristalliser le soufre par fusion. On le fait fondre dans un creuset en terre, puis on le laisse refroidir lentement. Dès qu'une croûte d'épaisseur convenable s'est formée à la surface, on la perce en deux endroits avec une tige de fer chaude, et on décante le soufre resté liquide. En enlevant alors complètement la croûte superficielle, on voit l'intérieur du creuset tapissé de longues aiguilles flexibles (*fig.* 50), d'un jaune brunâtre.

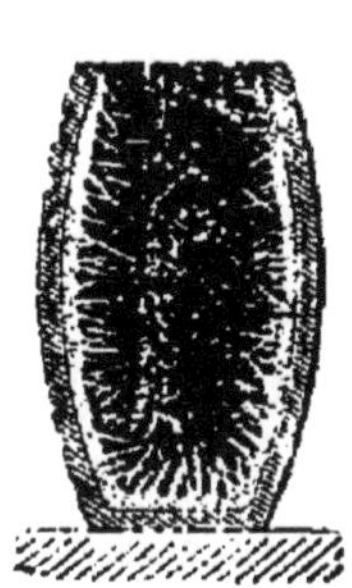

Fig. 50. — Cristallisation du soufre par fusion.

Les cristaux obtenus par fusion n'ont pas la même forme que ceux obtenus par voie humide.

Action de la chaleur. — Le soufre fond vers 114° en un liquide jaunâtre, très fluide. Cette fluidité diminue à mesure que l'on continue à chauffer, en même temps que le liquide se colore en rouge brun. A 220° on a une masse brune, dont la viscosité est telle que l'on peut retourner le vase qui la contient sans qu'elle s'écoule. Un peu au delà de 230°, le soufre peut de nouveau couler, mais il conserve sa couleur brune. Enfin, à 447° il entre en ébullition et émet des vapeurs rouges brunes, très lourdes.

En laissant refroidir lentement du soufre chauffé au delà de son point d'ébullition, on observe en sens inverse les mêmes changements de couleur et de fluidité. Si on refroidit brusquement, en le versant dans l'eau froide, du soufre qui est encore au moins à 230°, on obtient du soufre mou, formé de fils rougeâtres élastiques comme du caoutchouc, mais se retransformant en soufre ordinaire au bout de quelques heures.

74. Propriétés chimiques. — Le soufre est *combustible;* il s'enflamme vers 250° et brûle avec une flamme bleue en donnant un gaz à odeur suffocante, l'anhydride sulfureux ou gaz sulfureux, SO^2.

Action sur les métaux. — Le soufre présente au point de vue chimique une grande analogie avec l'oxygène : il s'unit à la plupart des *métaux* et donne des sulfures analogues aux oxydes. Si on projette de la tournure de cuivre dans du soufre en ébullition (*fig.* 51), elle devient incandescente et se transforme en sulfure de cuivre noir. Un mélange intime de fleur de soufre et de limaille de fer, projeté dans une cuiller en fer portée au rouge, devient incandescent et donne du sulfure de fer. Ce sulfure s'obtient également si on introduit le mélange dans

Fig. 51. — Action du soufre sur le cuivre.

un ballon (*fig*. 52) avec un peu d'eau tiède; à cause de la chaleur dégagée dans la réaction, un jet de vapeur d'eau s'échappe avec force par le tube effilé dont on a muni le ballon (expérience du volcan de Lémery).

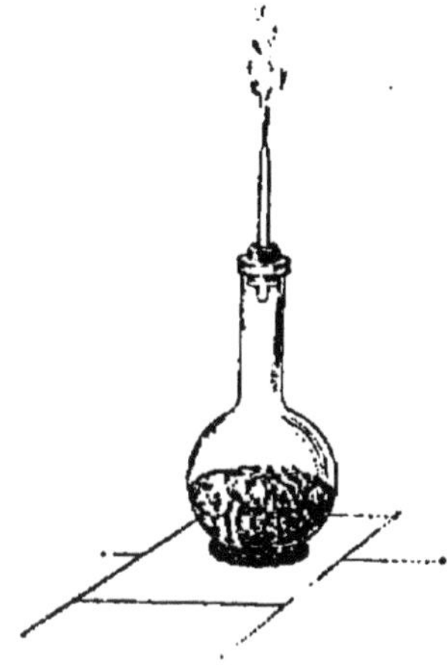

Fig. 52. — Expérience du volcan de Lémery.

Action sur les composés. — A cause de son affinité pour l'oxygène, le soufre décompose un certain nombre de composés oxygénés, comme l'acide azotique, l'acide sulfurique, etc. Si on chauffe dans un tube à essais un fragment de soufre avec de l'acide sulfurique concentré, on constate rapidement un dégagement d'anhydride sulfureux.

75. Usages. — Le *soufre en canons,* qui est le soufre le plus pur, sert à préparer les poudres noires, l'acide sulfurique pur, le gaz sulfureux, le sulfure de carbone, les hyposulfites, une imitation de caoutchouc par cuisson avec des huiles végétales; à soufrer les allumettes, à sceller le fer dans la pierre. Associé au caoutchouc, il l'empêche de perdre son élasticité avec les variations de température (caoutchouc vulcanisé). Si la proportion de soufre atteint 25 %, le caoutchouc est dur comme l'ivoire; on l'emploie en électricité comme isolant sous le nom d'*ébonite.*

Le *soufre en fleur* est employé pour combattre l'oïdium de la vigne; pour préparer les mèches soufrées que l'on brûle dans les tonneaux; pour éteindre les feux de cheminée; pour préparer certains sulfures (vermillon, or mussif, etc.).

En médecine, on utilise contre la gale et autres maladies de la peau des pommades faites avec du soufre.

RÉSUMÉ DU CHAPITRE XIII

Le *soufre* se rencontre à l'état natif, mélangé aux terres volcaniques (solfatares), ou en masses compactes, ou encore à l'état de sulfures. En Sicile, on construit des meules (calcaroni) avec du soufre natif et on y met le feu ; une partie du soufre brûle, fournissant ainsi la chaleur nécessaire à la fusion de l'autre partie. Près de Naples, on distille la terre soufrée dans des pots en fonte. En Louisiane, on fond le soufre dans son gisement même en y injectant de la vapeur d'eau surchauffée ; le soufre fondu remonte à la surface du sol. Le soufre brut ainsi obtenu est raffiné par distillation et fournit le soufre en fleur et le soufre en canons.

Le soufre est jaune, cassant, mauvais conducteur de la chaleur et de l'électricité. Son meilleur dissolvant est le sulfure de carbone. Il fond vers 114° en un liquide jaune fluide qui, lorsque la température s'élève, devient brun et visqueux, puis redevient fluide, et finalement se réduit en vapeurs à 447°.

Le soufre brûle avec une flamme pâle en donnant de l'anhydride sulfureux. Il se combine avec la plupart des métaux, en formant des sulfures : avec le fer, le cuivre, il y a incandescence.

On emploie le soufre pour fabriquer les poudres noires, l'acide sulfurique, le gaz sulfureux, pour soufrer les allumettes. Le soufre en fleur est surtout employé pour le soufrage des vignes.

CHAPITRE XIV

ACIDE SULFURIQUE

Formule : SO^4H^2.
Représente 98 g. d'acide sulfurique.

76. État naturel. — L'acide sulfurique, connu autrefois sous le nom d'*huile de vitriol*, se rencontre en petite quantité dans certaines eaux volcaniques et dans les eaux de pluie des grands centres industriels. Il est très répandu à l'état de combinaisons métalliques appelées sulfates, principalement de sulfate de calcium (gypse ou pierre à plâtre).

77. Préparation. — On part de l'anhydride sulfureux, SO^2 (74), obtenu en faisant brûler soit du soufre soit du sulfure de fer (*pyrites*). On oxyde le gaz sulfureux et on le combine avec l'eau :

$$SO^2 + O + H^2O = SO^4H^2.$$

Procédé par contact. — Dans ce procédé on oxyde d'abord l'anhydride sulfureux en le faisant passer avec un courant d'air sur de l'amiante platiné (amiante recouvert d'une mince couche de platine) chauffé vers 350° : $SO^2 + O = SO^3$. L'amiante platiné n'agit que par sa présence, par contact (31), sans pertes. Le corps produit, SO^3 (anhydride sulfurique), se condense dans les parties froides de l'appareil. Il peut se combiner directement avec l'eau : il donne de l'acide sulfurique : $SO^3 + H^2O = SO^4H^2$.

Procédé des chambres de plom. — C'est le plus ancien, et il est encore très employé, parce qu'il donne l'acide dilué un peu moins cher que le procédé précédent (mais moins pur). On se sert comme oxydant intermédiaire de l'acide azotique, AzO^3H, qui est régénéré ensuite. Il donne avec le gaz sulfureux une combinaison, SO^4H, AzO (*cristaux des chambres de plomb*), qui est décomposée par l'eau et l'air. On pourrait représenter en gros la préparation par les formules :

$$SO^2 + AzO^3H = SO^4H, AzO,$$
$$SO^4H, AzO + O + H^2O = SO^4H^2 + AzO^3H.$$

Les réactions se passent dans de grandes chambres à parois de plomb, d'où le nom du procédé.

L'acide sulfurique, tel qu'il sort des chambres de plomb, est dilué.

On le concentre jusqu'à 60° Baumé dans des bassines en plomb à large surface. A partir de 60° l'acide attaque le plomb. On termine la concentration dans des alambics en platine de forme basse, ou bien dans de grandes cornues en verre.

78. **Propriétés physiques.** — L'acide sulfurique est un liquide incolore, ayant la consistance de l'huile ; il a une saveur très acide (que l'on ne constatera, bien entendu, vu son action sur la peau, que sur le liquide très dilué).

L'acide le plus concentré que l'on rencontre dans le commerce marque 66° à l'aréomètre de Baumé ; son poids spécifique est 1 g, 85 ; il fond à —30° et bout à 338°.

Cet acide du commerce n'est d'ailleurs pas de l'acide pur SO^4H^2 : il est mélangé à de l'eau. L'acide pur fond à 10° et bout à 290°.

79. **Propriétés chimiques.** — L'acide sulfurique est un acide *très énergique ;* même très étendu, il donne au tournesol une coloration rouge pelure d'oignon.

La *chaleur* le décompose au rouge vif en gaz sulfureux, oxygène et vapeur d'eau :

$$SO^4H^2 = SO^{2\nearrow} + O^{\nearrow} + H^2O^{\nearrow}.$$

Action des métalloïdes. — Les métalloïdes avides d'oxygène, comme l'*hydrogène,* le *carbone,* le *soufre,* décomposent l'acide sulfurique à une température plus ou moins élevée, en s'emparant de tout ou partie de son oxygène :

$$C + 2SO^4H^2 = CO^{2\nearrow} + 2H^2O + 2SO^{2\nearrow}.$$

Action des métaux. — L'acide sulfurique attaque tous les métaux, sauf l'or et le platine. Le gaz sulfureux se prépare en chauffant du *cuivre* ou du *mercure* avec cet acide concentré. Le *zinc* et le *fer* décomposent à froid l'acide étendu en dégageant de l'hydrogène. Enfin, le *plomb* ne se dissout que faiblement dans l'acide sulfurique à la température ordinaire ; mais à chaud l'attaque est d'autant plus rapide que l'acide est plus concentré.

Action sur l'eau. — L'acide sulfurique est très avide d'eau ; exposé à l'air, il en absorbe rapidement l'humidité et augmente de volume. Mélangé à l'eau, il se combine avec elle, en formant des *hydrates*, avec un dégagement de chaleur considérable. Pour mettre ce dégagement de chaleur en évidence, on plonge dans l'eau un tube contenant de l'éther, et on verse peu à peu de l'acide sulfurique dans l'eau en agitant constamment; l'éther entre bientôt en ébullition et ses vapeurs peuvent être enflammées à l'extrémité du tube.

Quand on prépare de l'acide sulfurique étendu, c'est *toujours* l'acide que l'on verse dans l'eau et encore le verse-t-on goutte à goutte et en agitant constamment ; si l'on faisait l'inverse, chaque goutte d'eau tombant dans l'acide concentré se vaporiserait aussitôt et pourrait provoquer des projections d'acide.

La plupart des *matières organiques,* au contact de l'acide sulfurique concentré, perdent leur eau de constitution et sont carbonisées. Un morceau de sucre devient jaune brun, puis noir ; des caractères tracés avec l'acide sulfurique sur du bois blanc deviennent rapidement noirs.

Action sur l'organisme. — L'acide sulfurique est un caustique violent, produisant sur les parties délicates de la peau des brûlures profondes ; aussi faut-il le manier avec précaution et éviter d'approcher le visage des vases dans lesquels on chauffe cet acide. C'est un poison violent, corrodant fortement les muqueuses de l'intérieur, et amenant rapidement la mort.

80. Usages. — L'acide sulfurique est l'acide le plus employé en chimie et dans l'industrie.

Il sert à préparer les acides azotique, chlorhydrique et sulfhydrique, l'hydrogène, le brome, l'iode, les soudes du commerce, les superphosphates, les aluns, le sulfate de sodium, l'éther ordinaire, le glucose, les bougies, etc. ; il est employé pour épurer les huiles, pour le traitement des betteraves par macération. On l'emploie aussi dans les laboratoires pour dessécher les gaz ; on l'utilise enfin dans la plupart des piles et accumulateurs.

RÉSUMÉ DU CHAPITRE XIV

L'*acide sulfurique*, SO^4H^2, est très répandu à l'état de sulfates, principalement de sulfate de calcium. On le prépare *par contact*, en faisant passer du gaz sulfureux avec de l'air sur de l'amiante platiné, à 350°. L'anhydride sulfurique, SO^3, produit donne de l'acide sulfurique en présence de l'eau On le prépare aussi (procédé des *chambres de plomb*) par oxydation du gaz sulfureux en présence de l'eau et des composés oxygénés de l'azote ; ces derniers ne servent que d'intermédiaires ; ils prennent l'oxygène de l'air pour le fixer sur le gaz sulfureux.

L'acide le plus concentré que l'on rencontre dans le commerce marque 66° Baumé ; il est incolore, oléagineux, très caustique. C'est un acide très énergique. Beaucoup de métaux et de métalloïdes le décomposent ; les uns réagissent sur l'acide étendu et froid en dégageant de l'hydrogène (zinc, fer), les autres réduisent à chaud l'acide concentré en donnant du gaz sulfureux (mercure, cuivre, soufre, carbone).

L'acide sulfurique est très avide d'eau ; mélangé à ce liquide, il dégage une grande quantité de chaleur. Exposé à l'air, il en absorbe la vapeur d'eau.

On l'emploie dans presque toutes les industries chimiques, à cause de son énergie, de sa stabilité et de son bas prix ; particulièrement dans la fabrication des soudes, des superphosphates, des sulfates ; dans la préparation de la plupart des acides et d'une foule de gaz.

CHAPITRE XV

ACIDE SULFHYDRIQUE

Formule : H^2S.
Représente 34 g. — ou 22 l, 4 — d'acide sulfhydrique.

81. État naturel. — Le gaz acide sulfhydrique, autrefois appelé *air puant*, est un des gaz qui se dégagent des volcans. Il existe dans les eaux minérales sulfureuses (eaux de Barèges, d'Enghien), soit à l'état libre, soit à l'état de sulfures alcalins, et leur communique une odeur d'œufs pourris. Il s'en produit toutes les fois que des matières organiques sulfurées entrent en putréfaction : les œufs pourris, la vase des marais, les égouts, les fosses d'aisances, etc., sont des sources d'acide sulfhydrique.

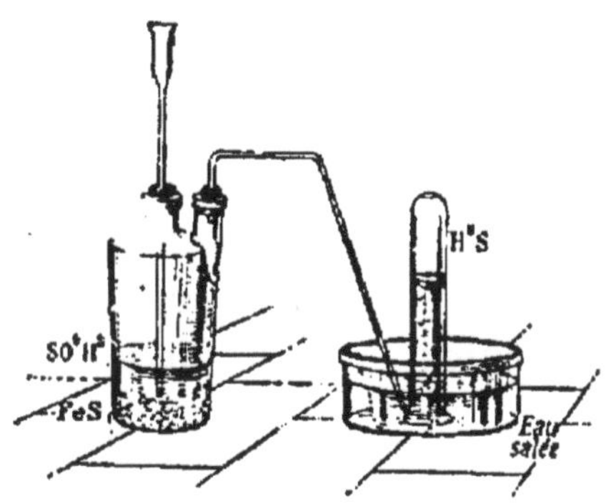

Fig. 53. — Préparation de l'acide sulfhydrique par le sulfure de fer.

82. Préparation. — On prépare l'acide sulfhydrique en décomposant le sulfure de fer par l'acide sulfurique étendu.

Dans un appareil à hydrogène (*fig.* 53) on introduit du sulfure de fer concassé et de l'eau, puis on verse de l'acide sulfurique par le tube à entonnoir. A cause de sa solubilité dans l'eau pure, on recueille le gaz sur le mercure, ou à défaut, sur l'eau salée.

Le résidu de la préparation est du sulfate de fer, qui se dissout dans l'eau du flacon :

$$FeS + SO^4H^2 = SO^4Fe^2 + H^2S\nearrow.$$

L'acide sulfhydrique ainsi obtenu est presque toujours mélangé d'hydrogène ; cela tient à ce que le sulfure de fer, préparé par union directe de la limaille de fer et de la fleur de soufre, renferme du fer libre, qui réagit sur l'acide sulfurique.

On peut remplacer l'acide sulfurique par l'acide chlorhydrique ; il se forme du chlorure ferreux, $FeCl^2$:

$$FeS + 2HCl = FeCl^2 + H^2S\nearrow.$$

Quand on veut avoir de l'acide sulfhydrique pur, on chauffe doucement du sulfure d'antimoine avec de l'acide chlorhydrique concentré.

83. Propriétés physiques. — L'acide sulfhydrique est un gaz incolore, à odeur fétide rappelant celle des œufs pourris. Sa densité est 1,19 (1 l. pèse 1 g, 54). L'eau en dissout 3 fois son volume à la température ordinaire ; si on introduit un peu d'eau dans une éprouvette pleine d'acide sulfhydrique que l'on ferme avec la main et qu'on agite fortement, l'éprouvette reste adhérente à la main. Liquéfié, il bout au-dessous de — 60°.

84. Propriétés chimiques. — L'acide sulfhydrique est un *acide faible* colorant le tournesol en rouge vineux.

Il est *combustible* et brûle avec une flamme pâle, en donnant de l'eau et du gaz sulfureux :

$$H^2S + 3O = H^2O + SO^2\nearrow.$$

Si on enflamme de l'acide sulfhydrique dans une éprouvette étroite, la combustion est incomplète, car l'air n'arrive pas en quantité suffisante ; il se dépose alors du soufre sur les parois :

$$H^2S + O = H^2O + S.$$

Action des métalloïdes. — En présence de l'eau, l'*oxygène* décompose l'acide sulfhydrique à la température ordinaire avec dépôt de soufre ; c'est pourquoi la dissolution d'acide sulfhydrique se prépare avec de l'eau privée d'air par l'ébullition et se conserve dans des flacons pleins et bien bouchés.

En présence des corps poreux légèrement chauffés, l'acide sulfhydrique est oxydé plus complètement et transformé en acide sulfurique :

$$H^2S + 4O = SO^4H^2.$$

On explique ainsi la corrosion rapide des rideaux dans les établissements d'eaux thermales sulfureuses (Aix-les-Bains).

Le *chlore* décompose instantanément l'acide sulfhydrique ainsi que sa dissolution :

$$H^2S + 2Cl = 2HCl + S ;$$

de là son emploi comme désinfectant. Versons un peu d'eau de chlore dans une éprouvette pleine de gaz sulfhydrique et agitons : l'odeur de ce dernier disparaîtra et nous observerons en même temps un dépôt de soufre.

Action des métaux. — La plupart des *métaux* décomposent l'acide sulfhydrique ; ils s'emparent du soufre pour former des sulfures et mettent l'hydrogène en liberté. Une pièce d'argent humide introduite dans du gaz sulfhydrique noircit rapidement. Le cuivre se recouvre d'une mince couche de sulfure d'un noir bleuâtre.

Action sur les composés. — A cause de l'hydrogène qu'il contient, l'acide sulfhydrique exerce une action réductrice sur beaucoup de composés, tels que l'acide azotique, l'acide sulfurique, le gaz sulfureux, etc.

L'acide sulfhydrique décompose un certain nombre de sels métalliques en dissolution et donne des sulfures insolubles, dont la couleur dépend de la nature du métal que contiennent ces sulfures. Avec les sels de plomb, il se précipite du sulfure de plomb noir. Cette dernière réaction est fréquemment utilisée pour reconnaître la présence de l'acide sulfhydrique. Elle cause le noircissement des couleurs à base de céruse (sel de plomb).

Action sur l'organisme. — L'acide sulfhydrique est un poison violent. Une très petite quantité de ce gaz suffit pour infecter une salle et provoquer des accidents. Respiré à faible dose, il produit une sensation de malaise, suivie de vertige. Quand il se dégage brusquement en grande quantité, comme à l'ouverture des fosses d'aisances, il peut causer une mort foudroyante : les vidangeurs l'appellent *le plomb,* à cause du poids énorme qui semble brusquement comprimer leur poitrine quand ils respirent ce gaz.

On remédie aux accidents causés par l'acide sulfhydrique en faisant respirer au malade du chlore très dilué, ou mieux de l'oxygène pur.

85. Usages. — L'acide sulfhydrique est employé pour l'analyse des sels métalliques. On l'utilise quelquefois pour détruire les animaux nuisibles comme les rats, les guêpes, etc. ; on peut, pour cet usage, préparer ce gaz en chauffant de la fleur de soufre avec du suif ou de l'huile.

RÉSUMÉ DU CHAPITRE XV

L'*acide sulfhydrique* se produit principalement dans la putréfaction des matières organiques sulfurées. On le prépare en décomposant, dans un appareil à hydrogène, le sulfure de fer artificiel par l'acide sulfurique étendu ; on le recueille sur l'eau salée.

Ce gaz a une odeur d'œufs pourris ; l'eau en dissout 3 fois son volume à la température ordinaire. C'est un poison violent. Il a une réaction acide faible. Il brûle avec une flamme bleuâtre, en donnant de l'eau et du gaz sulfureux.

Parmi les métalloïdes, le chlore décompose immédiatement l'acide sulfhydrique ; de là son emploi comme désinfectant. La plupart des métaux forment un sulfure et mettent l'hydrogène en liberté.

L'acide sulfhydrique réduit un certain nombre de composés oxygénés, comme l'acide azotique, l'acide sulfurique. Il forme avec quelques dissolutions de sels métalliques des sulfures insolubles (sulfure de plomb noir avec les sels de plomb).

On l'emploie pour l'analyse des sels métalliques, pour détruire des animaux nuisibles.

CHAPITRE XVI

ACIDE AZOTIQUE

Formule : AzO^3H.
Représente 63 g. d'acide azotique.

86. **État naturel.** — L'acide azotique ou *acide nitrique* est très répandu à l'état d'*azotates* : on trouve de l'azotate de calcium sur les murs des caves et des lieux humides, de l'azotate de sodium en bancs épais au Pérou, de l'azotate de potassium (nitre ou salpêtre) à la surface du sol dans les pays chauds.

87. **Préparation.** — **Préparation synthétique par l'arc électrique.** — On prépare industriellement de l'acide azo-

tique en faisant combiner de l'azote et de l'oxygène de l'air grâce à la haute température de l'arc électrique.

Il se produit de l'oxyde azotique, AzO, qui, refroidi, donne, avec l'oxygène de l'air, du peroxyde d'azote, AzO^2. Celui-ci, en réagissant sur l'eau chaude, fournit de l'acide azotique :

$$3AzO^2 + H^2O = 2AzO^3H + AzO.$$

L'arc électrique employé a, sous l'influence d'un électro-aimant, la forme aplatie pour présenter plus de surface de contact avec l'air (four Byrkeland et Eyde, *fig*. 54).

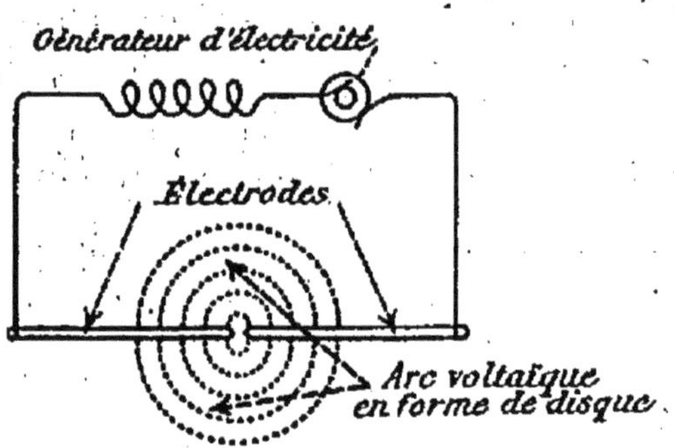

Fig. 54. — Four Byrkeland et Eyde pour la synthèse de l'acide azotique.

Préparation avec les azotates. — *Dans les laboratoires,* on peut préparer l'acide azotique en décomposant l'azotate de potassium, AzO^3K, par l'acide sulfurique concentré. Le résidu est du sulfate acide de potassium, SO^4KH :

$$AzO^3K + SO^4H^2 = SO^4KH + AzO^3H.$$

Le mélange est chauffé doucement dans une cornue dont le col s'engage librement dans un ballon refroidi (*fig*. 55). L'acide azotique distille et se condense dans ce ballon.

Au début de l'opération, l'azotate fond et il se dégage des vapeurs rutilantes : elles proviennent de la décomposition des premières portions d'acide azotique par l'acide sulfurique, qui leur enlève les éléments de l'eau. L'atmosphère de la cornue devient peu à peu incolore, et l'acide distille régulièrement en entraînant un peu de peroxyde d'azote, qui le colore en jaune. Les vapeurs rouges réapparaissent à la fin : la décomposition de l'acide azotique est due cette fois à la température élevée qui règne dans l'appareil.

Fig. 55. — Préparation de l'acide azotique.

Dans l'industrie, on emploie toujours l'azotate de sodium, qui coûte moins cher que l'azotate de potassium et fournit, à poids égal, une proportion plus forte d'acide azotique.

La réaction s'effectue dans des chaudières en fonte (*fig.* 56) munies d'un couvercle en grès percé de deux ouvertures, dont l'une, fermée par un bouchon, sert à introduire l'acide sulfurique, tandis que l'autre porte un tube de grès par lequel se dégagent les vapeurs d'acide

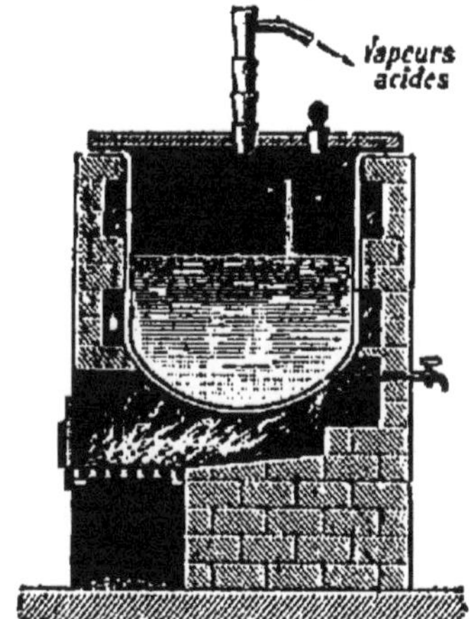

Fig. 56. — Chaudière pour la préparation de l'acide azotique.

azotique. Ces vapeurs passent par une série de bonbonnes étagées et finalement traversent une tour remplie de coke. Un mince filet d'eau parcourt la tour en sens inverse, se rend dans la bonbonne supérieure, puis de là, à l'aide de siphons, se déverse successivement dans les autres bonbonnes, où l'eau s'enrichit de plus en plus en acide azotique.

88. **Propriétés physiques.** — L'acide azotique *pur* est un liquide incolore, fumant à l'air. Son poids spécifique est 1 g, 52. Il bout à 86°. La chaleur et la lumière le décomposent partiellement, en produisant des vapeurs rouges de peroxyde d'azote, AzO^2 (vapeurs rutilantes).

L'acide azotique *fumant* est de l'acide pur coloré par des vapeurs de peroxyde d'azote.

L'acide azotique *ordinaire* renferme 30 p. 100 d'eau et a pour poids spécifique 1 g, 42. Il bout à 123° sans subir de décomposition.

89. **Propriétés chimiques.** — La principale propriété de l'acide azotique est d'être un *oxydant énergique*, c'est-à-dire de céder facilement de l'oxygène aux corps qui en sont avides.

L'*hydrogène* passant avec des vapeurs d'acide azotique dans un tube chauffé au rouge donne de l'eau et de l'azote :

$$AzO^3H + 5H = 3H^2O + Az.$$

Action sur les métalloïdes. — Presque tous les métalloïdes sont oxydés par l'acide azotique. Un fragment de *phosphore* introduit dans de l'acide fumant (*fig.* 57) s'enflamme, puis est violemment projeté. Si on verse de l'acide fumant sur du *noir de fumée* légèrement chauffé, il se produit des étincelles accompagnées de torrents de vapeurs rutilantes.

Action sur les métaux. — L'acide azotique oxyde tous les métaux, sauf l'or et le platine ; mais l'action varie avec la concentration de l'acide. L'acide concentré n'attaque que les métaux très oxydables comme le *potassium*, le *sodium* ; la réaction est très vive et il se dégage de l'azote. La plupart des métaux usuels, avec l'acide étendu, donnent un azotate et il se dégage de l'oxyde azotique, AzO, qui, au contact de l'air, se transforme en vapeurs rouges de peroxyde d'azote, AzO^2 :

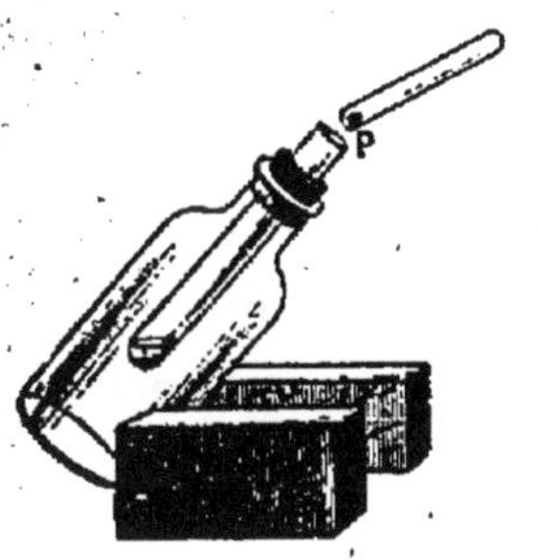

Fig. 57. — Action de l'acide azotique sur le phosphore.

$$3Cu + 8AzO^3H = 3(AzO^3)^2Cu + 2AzO + 4H^2O.$$

Le *fer* qui a été plongé dans de l'acide concentré n'est plus attaqué par l'acide ordinaire, car il est entouré d'une couche gazeuse d'oxyde azotique qui le préserve du contact de l'acide ; on dit que le fer est devenu *passif*. Il suffit d'ailleurs de le toucher avec un fil de fer pour faire cesser cette passivité.

Action sur les matières organiques. — L'acide azotique oxyde la plupart des matières organiques.

Si on projette de l'acide fumant sur un papier imprégné d'essence de térébenthine, il y a inflammation et dégagement de torrents de vapeurs nitreuses. De même, le crin brûle avec une vive lumière dans la vapeur d'acide fumant (*fig.* 58).

L'acide azotique décolore l'indigo. Il colore en jaune la peau, la laine, la soie, et les brûle si son action est prolongée.

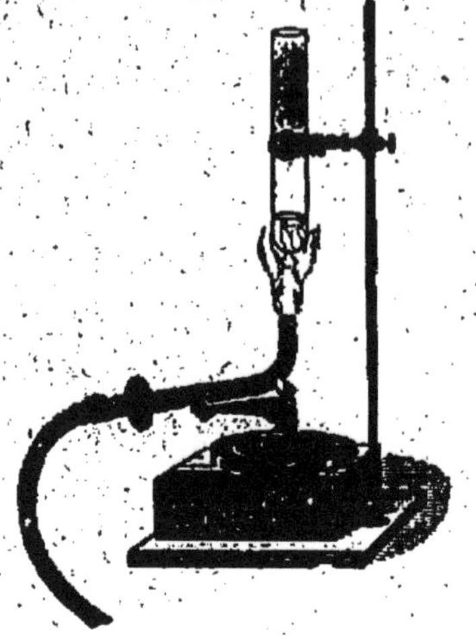

Fig. 58. — Combustion du crin dans la vapeur d'acide azotique fumant.

Fonction chimique. — L'acide azotique est un acide énergique, rougissant fortement le tournesol.

Action sur l'organisme. — L'acide azotique produit sur la peau des taches jaunes occasionnant des brûlures graves si l'acide est concentré. A l'intérieur, il corrode les muqueuses et amène rapidement la mort.

90. Usages. — L'*acide ordinaire* est employé pour préparer les azotates, la dextrine, l'acide oxalique, etc., pour affiner les métaux précieux, pour faire les essais d'or et d'argent, pour teindre en jaune la laine, la soie, les plumes. Il joue un rôle important dans la fabrication de l'acide sulfurique.

L'*acide fumant* sert à préparer des composés organiques importants : nitrobenzine, acide picrique, nitroglycérine, coton-poudre, celluloïd.

Enfin dans les ateliers on consomme une grande quantité d'acide azotique plus ou moins aqueux sous les noms d'*eau-forte*, *eau-seconde*, etc., pour la gravure sur cuivre, pour le secrétage (1) en chapellerie, pour dissoudre les

(1) Traitement des peaux par l'azotate de mercure pour faciliter le feutrage des poils.

oxydes formés à la surface du cuivre, du laiton, du bronze, etc.

Gravure sur cuivre. — La plaque de cuivre bien nettoyée est recouverte d'un vernis et avec une pointe fine, on trace sur ce vernis le dessin ou les caractères à graver, en ayant soin de mettre le cuivre à nu, puis on verse une couche d'eau-forte sur la plaque entourée d'un bourrelet de cire. Quand on juge qu'elle a suffisamment mordu, on lave à l'eau et on dissout le vernis par de l'essence de térébenthine. On peut remplacer le vernis par la paraffine.

RÉSUMÉ DU CHAPITRE XVI

L'*acide azotique* est très répandu à l'état d'azotates de calcium, de sodium, de potassium. On le prépare par synthèse en faisant combiner l'oxygène et l'azote de l'air sous l'influence d'un arc électrique : il se forme de l'oxyde azotique, AzO, qui se transforme, au contact de l'air moins chaud, en peroxyde d'azote, AzO^2, lequel produit de l'acide azotique en réagissant sur l'eau. On le prépare aussi en chauffant un mélange d'azotate de potassium et d'acide sulfurique concentré ; les vapeurs d'acide azotique se condensent dans un ballon refroidi.

Pur, l'acide azotique est un liquide incolore, répandant à l'air des fumées blanches. On l'appelle acide fumant quand il est coloré en jaune par des vapeurs rutilantes. L'acide ordinaire contient 30 % d'eau : il est plus stable que l'acide fumant et bout sans se décomposer à 123°.

L'acide azotique est un oxydant énergique : il oxyde à froid le phosphore et presque tous les métaux. La plupart des métaux usuels (cuivre, fer) donnent avec l'acide étendu un azotate et il se dégage des vapeurs rouges de peroxyde d'azote, AzO^2.

La plupart des matières organiques sont attaquées par l'acide azotique et détruites (inflammation de l'essence de térébenthine, coloration de la peau en jaune, décoloration de l'indigo).

L'acide azotique est employé pour préparer les azotates, l'acide sulfurique, pour décaper les métaux, pour graver sur cuivre, pour teindre en jaune la laine et la soie.

CHAPITRE XVII

CARBONE

Symbole : C.
Représente 12 g. de carbone.

91. État naturel. — Le carbone se présente à l'état libre dans un grand nombre de variétés plus ou moins pures que l'on réunit sous le nom de *charbons naturels* ; les principales sont le diamant, le graphite et la houille ; c'est un des corps constituants du bois. Il entre dans la constitution du gaz carbonique, des carbonates et de tous les composés dits *organiques*, comme le sucre, l'amidon, l'alcool.

92. Propriétés physiques générales. — Les variétés de carbone se présentent sous divers aspects, et la plupart de leurs propriétés physiques diffèrent sensiblement d'une variété à l'autre.

Le carbone, sous toutes ses variétés, est remarquable par sa fixité. Il ne se volatilise que dans l'arc électrique, à la température d'environ 3500°. Il n'est soluble que dans certains métaux en fusion, comme l'argent, la fonte de fer.

93. Propriétés chimiques. — La propriété chimique la plus importante du carbone est sa tendance à se combiner avec l'oxygène, son *affinité* pour ce corps, mesurée par la quantité de chaleur qui se dégage dans la réaction. Au rouge sombre, il brûle dans ce gaz ou dans l'air et se transforme en gaz carbonique, CO^2. Si le carbone est pur,

12 g. de ce corps s'unissent par la combustion à 32 g. d'oxygène et forment 44 g. de gaz carbonique, occupant le même volume que l'oxygène :

$$C + 2O = CO^{2}.$$

Si la quantité d'oxygène n'atteint pas la proportion ci-dessus, la combustion est incomplète et il y a production d'oxyde de carbone, CO.

Le *soufre* s'unit également au carbone, sous l'action de la chaleur, et donne du sulfure de carbone, CS^2, liquide à odeur fétide.

Fig. 59. — Décomposition de l'eau par le carbone.

Avec l'*hydrogène* le carbone forme un nombre presque illimité de composés appelés carbures d'hydrogène.

Action sur les composés. — A cause de son affinité pour l'oxygène, le carbone est un *réducteur* énergique. Il décompose un grand nombre de composés oxygénés, tels que l'eau, l'acide sulfurique, l'acide azotique, les oxydes métalliques, etc.

L'*eau* est décomposée au rouge avec production d'hydrogène, oxyde de carbone et gaz carbonique :

$$C + H^2O = CO + 2H,$$
$$C + 2H^2O = CO^2 + 4H.$$

On obtient un mélange de ces trois gaz en éteignant

des charbons incandescents sous une cloche remplie d'eau (*fig.* 59).

L'*oxyde de cuivre*, chauffé légèrement avec du charbon de bois pulvérisé (*fig.* 60), laisse un résidu de cuivre ; en même temps, il se dégage du gaz carbonique, qui trouble l'eau de chaux dans laquelle on le fait arriver :

$$2CuO + C = 2Cu + CO^2 \nearrow.$$

Avec l'*oxyde de zinc*, qui n'est décomposé qu'à une température élevée, il se produit de l'oxyde de carbone :

$$ZnO + C = Zn + CO \nearrow.$$

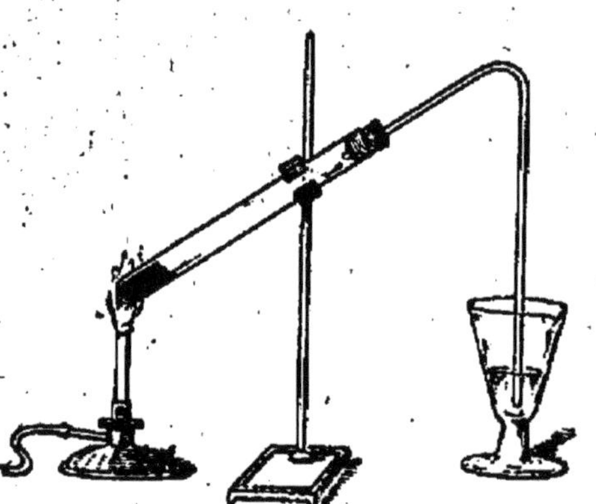

FIG. 60. — Réduction de l'oxyde de cuivre par le carbone.

Cette réduction des oxydes par le carbone a une grande importance dans le traitement des minerais en métallurgie.

CHARBONS NATURELS

94. Diamant. — Le diamant est du carbone presque pur, cristallisé. On ne le rencontre qu'en petite quantité, disséminé dans les sables dits d'alluvion, au Brésil, dans l'Inde et surtout, dans des roches bleuâtres, dans l'Afrique du Sud. Les cristaux de diamant sont quelquefois transparents et incolores ; mais le plus souvent ils sont colorés en jaune, rose, bleu ou noir.

Le diamant présente un éclat particulier ; convenablement taillé, il produit ces jeux de lumière qui le font tant rechercher. Sa dureté est très grande et il ne peut être poli que par sa propre poussière, que l'on appelle *égrisée.*

Le poids spécifique du diamant est 3 g, 5. C'est un corps mauvais conducteur de la chaleur et de l'électricité.

Usages. — Les diamants les plus limpides sont seuls utilisés en joaillerie. Auparavant on les polit, après leur avoir donné une forme particulière (*fig.* 61) destinée à augmenter leur éclat en favorisant les jeux de lumière.

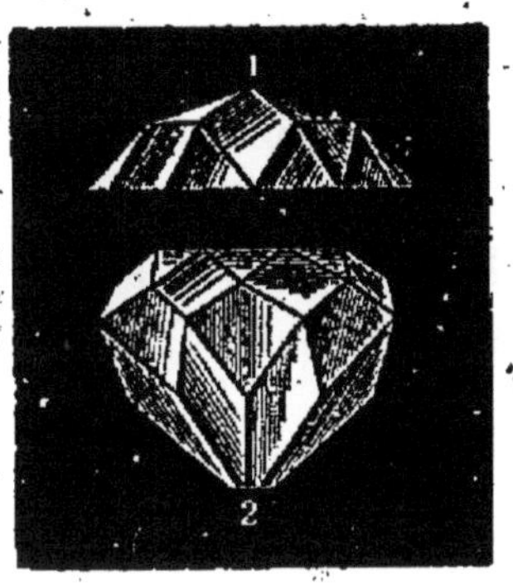

Fig. 61. — Diamants taillés : 1. en rose ; 2. en brillant.

Les diamants non susceptibles d'être taillés servent, en raison de leur dureté, à fabriquer des outils pour couper le verre et graver les pierres dures. On en garnit quelquefois les forets destinés au percement des tunnels, au forage des puits.

Le prix des diamants est très variable suivant leurs dimensions, leur taille et leur transparence ; l'unité de masse est le *carat métrique* (0 g, 2).

95. Graphite. — Le graphite, appelé aussi *plombagine* ou *mine de plomb,* est encore du carbone presque pur. On le trouve dans les terrains primitifs, en masses opaques d'un gris d'acier, assez tendres pour laisser une trace sur le papier. Son poids spécifique varie entre 2 g, 1 et 2 g, 3. Il est bon conducteur de la chaleur et de l'électricité.

Usages. — C'est avec le graphite que l'on fabrique les crayons ordinaires. Avec des matières grasses il donne le *cambouis* qui sert à faciliter les frottements des machines. On emploie le graphite en poussière délayée dans l'huile pour noircir les objets en tôle et les protéger contre la rouille. On en fait des creusets résistant aux hautes températures des fourneaux de laboratoire.

96. Anthracite. — L'anthracite ou charbon de pierre ne renferme environ que 10 % de matières étrangères. Il est dur, d'un noir brillant. C'est un bon combustible quand le tirage est suffisant. On le trouve dans les terrains antérieurs au terrain carbonifère, en Angleterre, aux États-Unis, et, en France, près d'Angers, à Moutiers (Savoie) et à la Mure (Isère).

97. Houilles. — Les houilles sont des charbons naturels renfermant de 75 à 88 % de carbone; on les trouve surtout dans le terrain dit *houiller*, dans lequel elles forment ordinairement des lits plus ou moins épais appelés *veines*.

Les houilles se présentent en masses noires brillantes, à structure feuilletée et portant assez souvent des empreintes de feuilles qui démontrent leur origine végétale.

D'après la façon dont elles se comportent pendant la combustion et d'après le *coke* (100) qu'elles produisent, on classe les houilles en trois groupes :

Les houilles *grasses* se ramollissent et boursouflent en brûlant et produisent beaucoup de flamme. Elles sont employées pour les travaux de forge et pour la fabrication du gaz d'éclairage et du coke.

Les houilles *sèches* sont les plus pauvres en carbone. Elles ne s'agglomèrent pas et brûlent avec une longue flamme. On les emploie surtout pour le chauffage des chaudières.

Les houilles *maigres* se rapprochent de l'anthracite. Elles brûlent sans flamme et dégagent moins de chaleur que les houilles grasses ; on les emploie pour la cuisson des briques, de la chaux et dans l'industrie céramique.

98. Lignites. — Les lignites sont plus impurs que la houille ; ils sont bruns ou noirs et brûlent avec une flamme peu chaude accompagnée d'une fumée noire désagréable. Certaines variétés sont brillantes et assez dures pour pouvoir être travaillées au tour ; on les emploie, sous le nom de *jais, jayet* ou *ambre noir*, pour faire des ornements de deuil.

99. Tourbe. — La tourbe, sans cesse en voie de formation, provient de la décomposition de plantes marécageuses. Séchée et comprimée, elle constitue un assez bon combustible. En France, on l'extrait en grande partie des marais de la vallée de la Somme.

La tourbe est remarquable par son pouvoir antiseptique et surtout par son pouvoir absorbant. On associe les fibres de tourbe à la laine pour faire des tissus hygiéniques (lainage à la ouate de tourbe). On utilise la tourbe pour faire la litière des chevaux. On réalise ainsi une économie très notable par rapport avec l'emploi de la paille. Le fumier de tourbe est livré à l'agriculture.

CHARBONS ARTIFICIELS

100. Coke. — C'est le résidu de la calcination de la houille en vase clos ; on l'obtient comme produit accessoire dans la fabrication du gaz d'éclairage. Il renferme en moyenne 87 °/₀ de carbone.

Le coke est grisâtre, boursouflé et très léger. Il brûle presque sans flamme et sans répandre d'odeur désagréable ; mais il ne s'allume qu'assez difficilement et sa combustion doit être activée par un courant d'air.

Le coke provenant de la fabrication du gaz ne peut, en raison de sa faible densité et de son titre relativement élevé en cendres, servir aux usages métallurgiques ; aussi est-il consommé presque exclusivement dans les ménages et les petits foyers industriels. Pour la métallurgie, on prépare spécialement du coke en carbonisant la houille en grandes masses afin d'avoir un produit plus dense, plus dur et donnant moins de cendres (8 °/₀ en moyenne).

101. Charbon de cornues. — Ce charbon se dépose sous forme de croûte dure sur les parois des cornues dans lesquelles on distille la houille. Il est noir, brillant, sonore, bon conducteur. On l'utilise dans les éléments de piles Bunsen et autres ; on en fait aussi des creusets infusibles.

102. Charbon de bois. — Le bois sec contient en moyenne plus du tiers de son poids de carbone, le reste étant de l'oxygène, de l'hydrogène et des cendres (sels solides). Le charbon de bois est le produit de la combustion incomplète du bois ou de sa distillation en vase clos ; de là deux procédés de fabrication.

Procédé des meules. — Dans les forêts, après les coupes, on empile des rondins de bois de la grosseur voulue et on en forme des *meules* à cheminée centrale (*fig.* 62). Chaque meule ayant été recouverte de terre, on jette du bois enflammé par la cheminée et, à l'aide d'ouvertures pratiquées successivement de haut en bas, on règle la combustion de manière qu'elle se propage peu à peu dans toute la meule ; après quoi, on bouche toutes les ouvertures et on laisse refroidir. Ce procédé a l'avantage d'être expéditif et de pouvoir s'appliquer sur place ; mais il ne donne que 18 à 20 de charbon pour 100 de bois.

Distillation. — La carbonisation du bois en vase clos donne un rendement plus élevé et permet de recueillir les

Fig. 62. — Combustion incomplète du bois en meules.

produits volatils dégagés par le bois : esprit de bois, acide acétique, etc.

Propriétés et usages. — Le charbon de bois est noir, cassant. Il possède la propriété importante d'absorber les gaz, généralement en quantité d'autant plus grande que ceux-ci sont plus solubles dans l'eau.

Ainsi 1 vol. de charbon de bois peut absorber 60 vol. de gaz ammoniac, et seulement 7,5 d'azote. Si dans une éprouvette remplie de gaz ammoniac et renversée sur le mercure on introduit, après l'avoir éteint sous le mercure, un fragment de charbon de bois incandescent, on voit le niveau du mercure monter rapidement par suite de l'absorption du gaz.

Cette propriété absorbante est mise à profit pour désinfecter les eaux stagnantes (filtres à charbon) et les fosses d'aisances. Mais c'est surtout comme combustible, dans les cuisines, que le charbon de bois est utilisé.

FIG. 63. — Production de noir de fumée par combustion de l'essence de térébenthine.

103. Noir de fumée. — Le noir de fumée est le dépôt pulvérulent que produit la combustion incomplète des substances riches en carbone, comme les résines, les essences. Si on enflamme, par exemple, de l'essence de térébenthine dans une soucoupe (*fig.* 63), elle brûle avec une flamme fuligineuse, et une assiette placée au-dessus de cette flamme se recouvre de noir de fumée.

Dans l'industrie, on brûle du goudron ou des résines dans une marmite chauffée par un foyer (*fig.* 64) ; le noir de fumée se débarrasse des liquides entraînés dans un condenseur, puis il va se déposer dans de grandes chambres dont les parois sont recouvertes de toiles.

Propriétés et usages. — Le noir de fumée se présente en poudre noire très légère et grasse au toucher. Il entre dans la composition des encres d'imprimerie et des imitations d'encre de Chine. On l'emploie dans la peinture en bâtiments. Les crayons noirs des dessinateurs (crayons Conté) sont fabriqués avec un mélange d'argile et de noir de fumée.

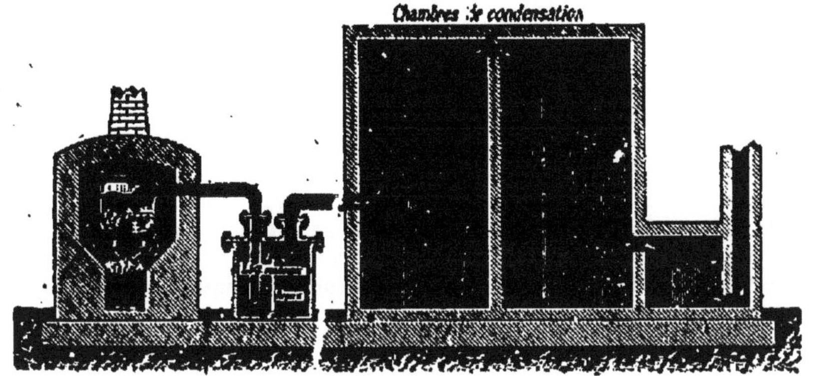

Fig. 64. — Préparation du noir de fumée.

104. Noir animal. — Ce corps, qui ne contient que 10 à 12 % de carbone, est le résidu de la calcination des os en vase clos.

Quand on chauffe des os au rouge à l'abri de l'air, la matière organique se détruit en imprégnant la matière minérale d'un résidu de carbone.

Propriétés et usages. — Le noir animal est remarquable par l'action absorbante qu'il exerce sur les substances dissoutes dans l'eau et principalement sur les matières colorantes. C'est ainsi que du vin rouge, de la teinture bleue de tournesol, etc., filtrés à travers du noir animal, deviennent incolores.

Cette action est utilisée pour décolorer les sirops de sucre, les miels, pour blanchir la glycérine, épurer des produits organiques (huiles, vaseline, etc.). Enfin le noir en poudre entre dans la composition des cirages.

RÉSUMÉ DU CHAPITRE XVII

Le *carbone* est très répandu dans la nature, soit presque pur (diamant, graphite), soit associé à des matières étrangères (houille). Ces variétés constituent les charbons naturels.

Le carbone est combustible : 12 g. de carbone pur brûlent en s'unissant à 32 g. d'oxygène et forment 44 g. de gaz carbonique. C'est un réducteur énergique ; il décompose l'eau au rouge et réduit la plupart des oxydes métalliques en mettant le métal en liberté.

Principaux charbons naturels. — Le diamant est du carbone presque pur, cristallisé ; il est très dur et mauvais conducteur de la chaleur et de l'électricité. On le taille avec sa propre poussière.

Le graphite ou plombagine est d'un gris d'acier, tendre, bon conducteur de la chaleur et de l'électricité. Il sert à fabriquer les crayons, à noircir les objets en tôle, etc.

Les houilles sont des charbons naturels renfermant de 75 à 88 % de carbone. Elles sont noires, luisantes, fragiles. On les trouve abondamment dans le terrain houiller.

Principaux charbons artificiels. — Le charbon de bois s'obtient par la combustion incomplète du bois ou par sa distillation en vase clos. Il est fragile, poreux. Il a la propriété de condenser les gaz dans ses pores ; aussi est-il employé comme désinfectant.

Le noir de fumée provient de la combustion incomplète des résines. Il est noir, pulvérulent. On l'emploie surtout pour fabriquer les encres d'imprimerie.

Le noir animal est le résidu de la calcination des os en vase clos ; il ne renferme que 10 % de carbone. Il absorbe facilement les matières colorantes, ce qui le fait employer comme décolorant.

CHAPITRE XVIII

ANHYDRIDE CARBONIQUE

Formule : CO_2.
Représente 44 g. — ou 22 l, 4 — d'anhydride carbonique.

105. État naturel. — L'anhydride carbonique, appelé aussi *gaz carbonique*, est très répandu dans la nature. Ses sources principales sont : la combustion des substances renfermant du carbone (93), la respiration des animaux et des végétaux, la fermentation alcoolique et la calcination des calcaires. Il s'en dégage du sol près des volcans, dans les grottes naturelles, comme la grotte du Chien, près de Naples. Enfin le gaz carbonique forme de nombreux carbonates naturels comme la craie ou carbonate de calcium, CO^3Ca.

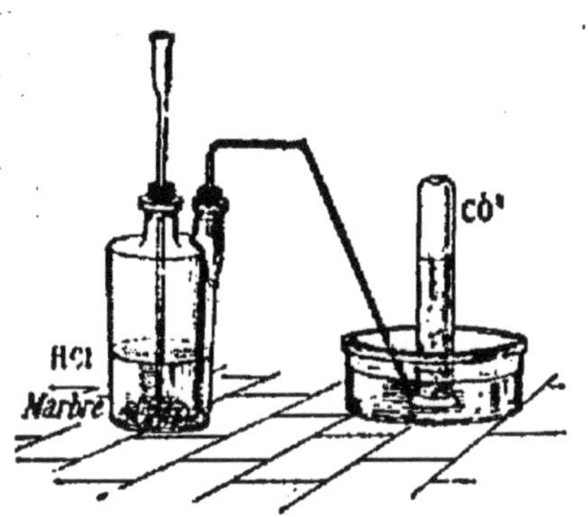

Fig. 65. — Préparation du gaz carbonique.

106. Préparation. — Préparation industrielle. — Le gaz carbonique résulte de la combustion à l'air du charbon, mais il est en ce cas mélangé d'azote.

Pour l'avoir pur, on traite la craie, CO^3Ca, par l'acide sulfurique :

$$CO^3Ca + SO^4H^2 = SO^4Ca + H^2O + CO^2 \nearrow ;$$

ou bien, dans les industries qui exigent à la fois du gaz carbonique et de la chaux, on calcine les calcaires (carbonates naturels de calcium) :

$$CO^3Ca = CaO + CO^2 \nearrow .$$

Enfin, la fermentation alcoolique fournit à l'industrie une grande quantité de gaz carbonique.

Préparation dans les laboratoires. — On prépare le gaz carbonique en décomposant le carbonate de calcium (craie ou marbre) par l'acide chlorhydrique :

$$CO^3Ca + 2HCl = CaCl^2 + H^2O + CO^2 \nearrow .$$

L'opération se fait dans un appareil à hydrogène (*fig.* 65).

Dès que l'acide chlorhydrique arrive au contact du carbonate, il se produit une vive effervescence ; le gaz carbonique est recueilli sur l'eau.

107. Propriétés physiques. — L'anhydride carbonique a une odeur légèrement piquante et une saveur aigrelette. L'eau en dissout à peu près son volume à la température et sous la pression ordinaires. Sa densité est 1,529 (1 l. pèse 1 g, 97). Pour mettre en évidence cette grande densité, on verse, à la manière d'un liquide, le gaz carbonique contenu dans une éprouvette sur une bougie allumée (*fig.* 66) ; la bougie s'éteint immédiatement, car ce gaz n'entretient pas la combustion.

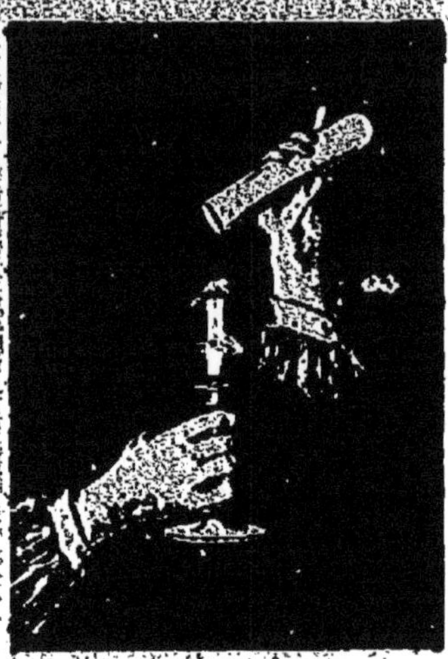

FIG. 66. — Extinction d'une bougie par le gaz carbonique.

Liquéfaction. — L'anhydride carbonique est facilement liquéfiable ; on l'obtient en effet à l'état liquide à 0° sous une pression de 36 kg. Il bout à —78°.

On prépare l'anhydride liquide en comprimant le gaz dans des réservoirs refroidis par de la glace. Il est vendu dans des cylindres en acier contenant 8 kg d'anhydride liquide, représentant 3 500 litres de gaz carbonique mesurés sous la pression ordinaire. C'est un liquide très mobile ; en s'évaporant à l'air, il produit un abaissement de température suffisant pour qu'une partie du liquide se solidifie sous forme de flocons neigeux, lesquels peuvent être recueillis dans des boites mauvaises conductrices. Cette neige ne mouille pas les corps ; mais, mélangée à de l'éther et soumise à une évaporation rapide dans le vide, elle abaisse la température à — 110° ; aussi est-elle utilisée pour produire de très grands froids. Quant à l'anhydride liquide, on l'emploie pour exercer des pressions, principalement la pression nécessaire au débit de la bière. On le vend aussi dans de petites boules d'acier à bouchon de plomb (sparklets) pour « champagniser » instantanément n'importe quelle boisson.

108. Propriétés chimiques. — Le gaz carbonique est

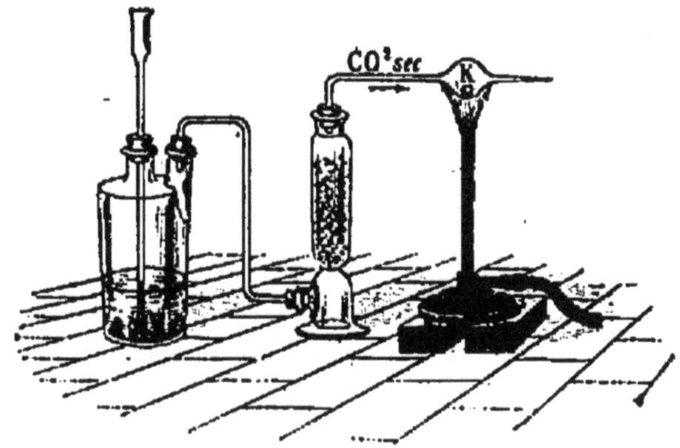

Fig. 67. — Réduction du gaz carbonique par le potassium.

réduit au rouge par un certain nombre de corps avides d'oxygène, comme l'hydrogène, le carbone, le potassium.

Si on chauffe légèrement un fragment de potassium dans un courant de gaz carbonique sec (*fig.* 67), le potassium s'enflamme et brûle avec une flamme rougeâtre très vive en produisant un dépôt de charbon entouré d'une couronne blanche de carbonate de potassium.

Le gaz carbonique se combine avec les bases en donnant des carbonates. C'est pour cela que l'on emploie des tubes contenant de la potasse ou des flacons laveurs avec une solution de potasse pour absorber ce gaz ou pour en déterminer le poids.

Action sur l'organisme. — Le gaz carbonique est irrespirable. Dans une atmosphère qui en contient environ 30 %, le sang veineux ne peut plus dégager le gaz carbonique qu'il contient ; de là la mort par asphyxie. L'asphyxie est très rapide quand ce gaz se dégage brusquement en grande quantité ; on connait les accidents nombreux qui ont déjà été occasionnés par les fours à chaux, les cuves de fermentation, etc. ; aussi est-il prudent, avant de pénétrer dans un endroit où le gaz carbonique a pu s'accumuler, de s'assurer qu'une bougie allumée y brûle normalement.

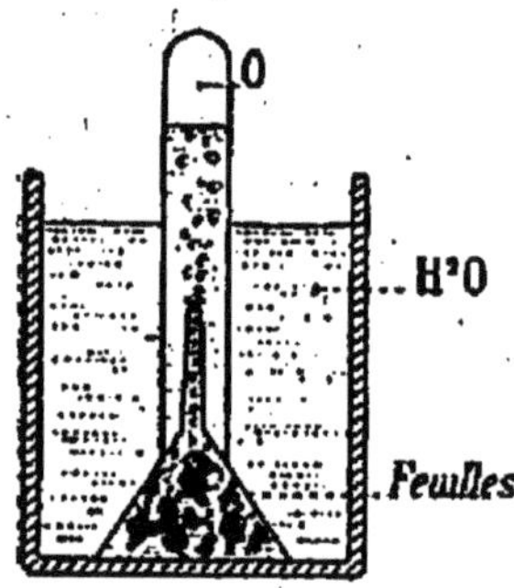

Fig. 68. — A la lumière, les feuilles vertes décomposent le gaz carbonique dissous dans l'eau et dégagent de l'oxygène.

Au contact de la peau, le gaz carbonique détermine une sensation de chaleur ; on l'administre quelquefois en douches gazeuses comme stimulant. Absorbé en dissolution dans les boissons (eau de Seltz, champagne), il rafraichit, désaltère et active les sécrétions de l'estomac.

109. Fonction chlorophyllienne. — Un des rôles les plus importants du gaz carbonique est de servir d'aliment aux plantes. Celles-ci doivent leur couleur verte à un corps, la *chlorophylle*, qui, sous l'influence de la lumière, décompose le gaz carbonique de l'air, en fixant le carbone, qui est assimilé par la plante, tandis que l'oxygène est rejeté. On constate facilement ce phénomène en plaçant dans de l'eau contenant du gaz carbonique (eau de Seltz diluée), sous un entonnoir renversé coiffé d'une éprouvette, une plante verte ou des feuilles vertes assez jeunes. Quand on place le tout à la lumière, et seulement alors, on voit des bulles de gaz se former sur les feuilles, puis monter dans l'éprouvette (*fig.* 68). On constate facilement que ce gaz est de l'oxygène et que la quantité de gaz carbonique dissous a diminué.

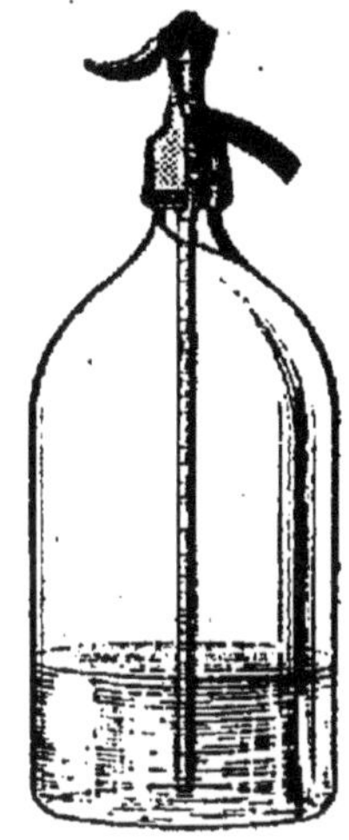

Fig. 69. — Siphon d'eau de Seltz.

110. Usages. — Il sert à fabriquer la céruse. On en emploie de grandes quantités dans l'industrie du sucre et de la soude, dans la fabrication des limonades et des eaux gazeuses artificielles comme l'eau de Seltz. Celle-ci est livrée à la consommation dans des siphons, d'où elle s'échappe par la pression du gaz quand on appuie sur un levier extérieur abaissant une soupape (*fig.* 69).

Le froid produit par l'évaporation du gaz carbonique liquide est utilisé dans les machines frigorifiques, où il est successivement évaporé et reliquéfié.

RÉSUMÉ DU CHAPITRE XVIII

L'*anhydride carbonique* naturel provient de la combustion des substances carbonées, de la respiration, etc. Industriellement, on le prépare en décomposant le carbonate de calcium par la chaleur ou par l'acide sulfurique. Il s'en produit, mélangé d'azote, par combustion du charbon à l'air. Dans les laboratoires, on l'obtient en décomposant le carbonate de calcium (craie ou marbre) par l'acide chlorhydrique.

C'est un gaz 1 fois 1/2 plus dense que l'air. Il se liquéfie assez facilement et bout à — 78°. L'eau en dissout environ son volume. Il n'entretient ni la respiration ni la combustion. Le carbone, le potassium le réduisent au rouge.

Le gaz carbonique s'emploie en grand dans les industries du sucre et des soudes. Sa dissolution sous pression constitue l'eau de Seltz. On utilise le froid produit par son évaporation à l'état liquide dans des machines frigorifiques.

CHAPITRE XIX

OXYDE DE CARBONE

Formule : CO.
Représente 28 g. — soit 22 l, 4 — d'oxyde de carbone.

111. Formation. — L'oxyde de carbone se produit quand du carbone brûle en présence d'une quantité d'air insuffisante, ou quand du gaz carbonique se trouve en présence de charbon incandescent, ou encore quand des oxydes difficilement réductibles sont réduits par du carbone.

Les fours à coke, les hauts fourneaux et en général tous les fours dans lesquels on traite du minerai par le charbon, rejettent de grandes quantités d'oxyde de carbone. Ce gaz se dégage également des foyers dont la cheminée a un tirage insuffisant ; c'est lui qui produit ces flammes bleues que l'on voit quelquefois à la surface du charbon allumé.

112. Préparation. — **Préparation industrielle.** — L'oxyde de carbone est un des sous-produits des hauts fourneaux et fours à coke, comme on l'a vu (111). On le prépare économiquement dans de grands fourneaux appelés gazogènes, dans lesquels on fait passer de l'air sur une grille contenant du charbon ou du coke (*fig*. 70). On l'obtient aussi, mélangé d'hydrogène (ce mélange s'appelle

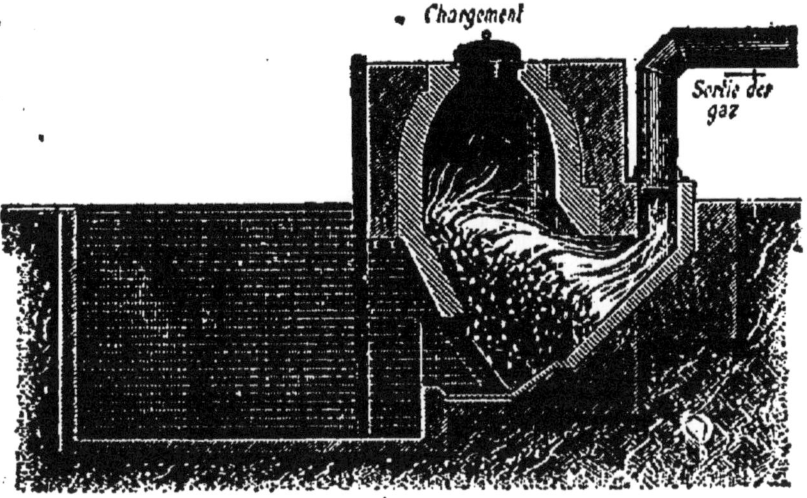

FIG. 70. — Gazogène pour la production d'oxyde de carbone.

gaz à l'eau), en envoyant sur du charbon enflammé alternativement de l'air et de la vapeur d'eau ; la vapeur d'eau est décomposée : $C + H^2O = CO + H^2$. Cette réaction refroidit le charbon : c'est pourquoi on envoie de l'air, qui, en brûlant du charbon complètement, élève la température de la masse ; le gaz carbonique produit alors est expulsé.

Préparation du gaz pur. — On prépare l'oxyde de carbone en décomposant l'acide oxalique, $C^2O^4H^2$, par l'acide sulfurique concentré.

L'acide oxalique se dédouble en oxyde de carbone, gaz

carbonique et eau ; celle-ci est retenue par l'acide sulfurique, et il se dégage un mélange d'oxyde de carbone et de gaz carbonique :

$$C^2O^4H^2 = H^2O + CO^2 \nearrow + CO \nearrow.$$

On introduit dans un ballon des

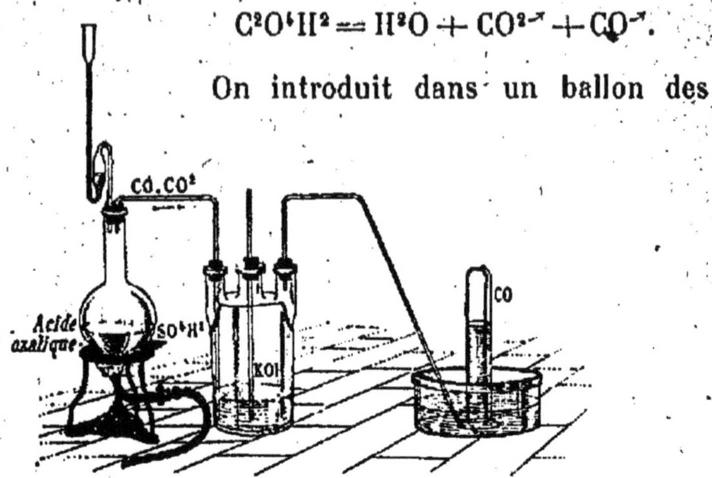

FIG. 71. — Préparation de l'oxyde de carbone.

quantités égales d'acide oxalique et d'acide sulfurique concentré, puis on chauffe modérément. Les gaz se dégagent très régulièrement ; ils traversent un flacon contenant une dissolution de potasse qui retient le gaz carbonique ; l'oxyde de carbone est recueilli sur la cuve à eau (*fig.* 71).

113. Propriétés physiques. — L'oxyde de carbone est un gaz incolore, inodore, très peu soluble dans l'eau. Sa densité est 0,96 (1 l. pèse 1 g, 26). Liquéfié, il bout à — 88°.

114. Propriétés chimiques. — L'oxyde de carbone est *combustible* : il brûle avec une flamme bleue en produisant du gaz carbonique et en dégageant beaucoup de chaleur : $CO + O = CO^2$.

Sa propriété chimique la plus importante est de *réduire* la plupart des composés oxygénés en passant à l'état de gaz carbonique. Il réduit notamment les oxydes métalliques ; aussi joue-t-il un rôle important dans le traitement des minerais par le carbone. C'est par ce gaz que sont réduits les oxydes de fer dans les hauts fourneaux.

Si on introduit du papier filtre imprégné d'une dissolution de chlorure d'or dans un flacon contenant de l'oxyde de carbone, le papier devient violet par suite de la réduction du chlorure.

Action sur l'organisme. — L'oxyde de carbone est un gaz très délétère. Une très petite quantité dans l'air suffit pour provoquer des maux de tête. C'est ce gaz qui produi les asphyxies par le charbon. L'empoisonnement est dû à ce que l'oxyde de carbone forme avec les globules du sang une combinaison assez stable, de telle sorte que ces globules sont désormais impropres à fixer l'oxygène. On combat un commencement d'asphyxie par l'oxyde de carbone en exposant le malade au grand air et en lui faisant respirer de l'oxygène pur.

115. Usages. — Outre l'action réductrice qu'il exerce sur les minerais, l'oxyde de carbone est employé comme combustible dans les fours à chaux, les verreries, les hauts fourneaux. On l'utilise aussi dans des moteurs à explosion.

RÉSUMÉ DU CHAPITRE XIX

L'*oxyde de carbone* se produit surtout dans la réduction du gaz carbonique par le charbon au rouge dans les hauts fourneaux, fours, gazogènes. On le prépare pur en chauffant l'acide oxalique avec l'acide sulfurique ; le mélange d'oxyde de carbone et de gaz carbonique qui se dégage traverse un flacon à potasse qui retient ce dernier gaz.

L'oxyde de carbone est peu soluble. Il brûle avec une flamme bleue en donnant du gaz carbonique. Il est très toxique. C'est un réducteur. Il est utilisé comme combustible dans l'industrie et pour alimenter des moteurs à explosion.

TABLE DES MATIÈRES

MÉTALLOÏDES

CHAPITRE I

DIVERS ÉTATS DES CORPS

CHAPITRE II

EAU PURE : ANALYSE, SYNTHÈSE

CHAPITRE III

HYDROGÈNE

CHAPITRE IV

OXYGÈNE

CHAPITRE V

AIR — AZOTE

CHAPITRE VI

ÉLECTROLYSE DU CHLORURE DE SODIUM

CHAPITRE VII

CHLORE — SODIUM

CHAPITRE VIII

SOUDE CAUSTIQUE — CHLORURES DÉCOLORANTS

CHAPITRE IX

ACIDE CHLORHYDRIQUE

CHAPITRE X

AMMONIAQUE

CHAPITRE XI

CORPS SIMPLES — CORPS COMPOSÉS

CHAPITRE XII

NOTATION CHIMIQUE

CHAPITRE XIII

SOUFRE

CHAPITRE XIV

ACIDE SULFURIQUE

CHAPITRE XV

ACIDE SULFHYDRIQUE

CHAPITRE XVI

ACIDE AZOTIQUE

CHAPITRE XVII

CARBONE — COMBUSTIBLES

CHAPITRE XVIII

ANHYDRIDE CARBONIQUE

CHAPITRE XIX

OXYDE DE CARBONE

CHARTRES. — IMPRIMERIE DURAND, RUE FULBERT.

EXTRAIT DU CATALOGUE

DE LA

LIBRAIRIE VUIBERT

Boulevard Saint-Germain, 63, PARIS.

MATHÉMATIQUES

Ouvrages de M. A. GRÉVY, *professeur au lycée Saint-Louis.*
(Volumes 18/12cm, cartonnés toile.)

Algèbre (*cl. de 3e B et 2e et 1re C et D*) . . . . 2 fr. 50
Arithmétique (*cl. de 5e et 4e B*) . . . . 2 fr. »
Géométrie théorique et pratique (*cl. de 5e à 3e B*) . 3 fr. 50

SCIENCES PHYSIQUES

Notions de Physique (*cl. de 4e et 3e B*), par A. TURPAIN, professeur à la Faculté des Sciences de l'Université de Poitiers. — Vol. 20/13cm . . . . 3 fr. »

Ouvrages de M. J. BASIN, *professeur au lycée de Lille.*
(Volumes 19/13cm, brochés ou cartonnés toile.)

	Brochés	Cart. toile
Physique élémentaire (*classe de 4e B*) . .	1 fr. 50	»
Chimie élémentaire (*classe de 4e B*) . . .	1 fr. 25	»
Les deux parties réunies	»	2 fr. 50
Physique élémentaire (*classe de 3e B*) . .	1 fr. 50	»
Chimie élémentaire (*classe de 3e B*) . . .	1 fr. 25	»
Les deux parties réunies	»	2 fr. 50
Physique élémentaire (*4e et 3e B réunies*).	»	3 fr. »
Chimie élémentaire (*4e et 3e B réunies*). .	»	2 fr. 25

SCIENCES NATURELLES

Ouvrages de M. E. CAUSTIER, *professeur au lycée Saint-Louis.*

(Volumes 19/13cm, cartonnés toile.)

Géologie (*Classes de 4e A et 4e B*) . . . . 1 fr. 50
Histoire naturelle appliquée (*classe de 3e B*). . . . 2 fr. 25

THE NEW ENGLISH GRAMMAR (*cl. de 4e à 1re*), par J. R. LUGNÉ-PHILIPON, professeur au collège Rollin. — Vol. 20/13cm, cart. toile . . . . 2 fr. 25

Cet ouvrage est fait sur le même plan que la *Neue deutsche Grammatik* de M. Massoul. (Voir plus haut.)

A VERY SHORT ENGLISH GRAMMAR, par J. MÉJASSON. — Vol. 18/12cm, cart. toile souple . . . . 0 fr. 60

THE NEW ENGLISH READER (*cl. de 4e et 3e*), par J. R. LUGNÉ-PHILIPON. — Vol. 20/13cm, illustré, cart. toile souple. . 3 fr. »

THE NEW ENGLISH RECITER (*cl. de 6e à 1re*), par J. R. LUGNÉ-PHILIPON. — Vol. 18/12cm, illustré, cart. toile . 1 fr. 25

SHORT PLAYS FOR THE SCHOOLROOM, par J. R. LUGNÉ-PHILIPON. — Vol. 18/12cm, cart. toile. . . . . 1 fr. »

CHOIX D'ANECDOTES ANGLAISES, *accompagnées d'anglicismes, de verbes irréguliers et de notes explicatives*, par P. PRÉTEUX. — Vol. 18/12cm. . . . . 0 fr. 75

SELECTED PIECES OF POETRY FOR RECITATION, à l'usage de l'enseignement secondaire des jeunes filles (1re à 6e années), par Mlle DAUJEAN, agrégée, professeur au lycée Racine. — Vol. 18/12cm, illustré, cart. toile . . . . . 1 fr. 25

GULLIVER'S TRAVELS, by SWIFT. — An abridged edition, with notes and biographical sketch. For the use of the fourth and third forms, par A. LIÉGAUX-WOOD, professeur au lycée Janson-de-Sailly. — Vol. 18/12cm, cart. toile . . 1 fr. 25

CHAMBERS'S TWENTIETH CENTURY DICTIONARY

of the English language.

Vol. de 1216 pages, illustré, format 21/14cm, cart. toile. 4 fr. 50

Dictionnaire autorisé pour le Baccalauréat, le Brevet supérieur et la plupart des Examens et Concours.

CHAMBERS'S ETYMOLOGICAL DICTIONARY. — Vol. de 694 pages, format 20/13cm, cartonné toile. . . . . . . 1 fr. 50

VULGARISATION ET LECTURES SCIENTIFIQUES

Collection 31/21cm, titre rouge et noir, illustrée de belles gravures.

Chaque volume, broché	10 fr. »
Cartonné toile, fers spéciaux, tranches dorées . .	14 fr. »
Relié amateur, dos et coins maroquin, tête dorée.	18 fr. »

LA NAVIGATION AÉRIENNE, par J. LECORNU, ingénieur, membre de la Société française de Navigation aérienne. — Vol. de VIII-436 pages, avec 393 gravures. — 5e édition, mise au courant des derniers événements. (*Ouvrage couronné par l'Académie française.*)

LA MARINE DE GUERRE, par A. SAUVAIRE JOURDAN, capitaine de frégate de réserve. — Préface de l'amiral FOURNIER. — Illustrations d'Albert SEBILLE, peintre du département de la Marine. — Vol. de XII-376 pages, orné de 275 gravures, 5 cartes et 11 magnifiques planches hors texte, dont 2 en couleurs. (*Ouvrage couronné par la Ligue maritime française.*)

LA NAVIGATION SOUS-MARINE, par G.-L. PESCE, ingénieur. — Vol. de XII-408 pages, illustré de 350 gravures. 2e édition.

L'OCÉANOGRAPHIE, par le Dr RICHARD, directeur du Musée océanographique de Monaco. — Vol. de 398 pages, illustré de 339 gravures. (*Ouvrage couronné par l'Académie des Sciences.*)

L'INDO-CHINE FRANÇAISE : Souvenirs, par PAUL DOUMER. — Vol. de XII-392 pages, orné de 173 illustrations, par G. FRAIPONT, d'après ses croquis pris sur place, complété par différentes cartes. — 2e édition. (*Ouvrage couronné par l'Académie française et par la Société de Géographie.*)

LES MICROBES, par le Dr P.-G. CHARPENTIER, chef de laboratoire à l'Institut Pasteur. — Vol. de 355 pages, illustré de 275 gravures et d'une planche hors texte en couleurs. (*Ouvrage couronné par l'Académie française.*)

LES ENTRAILLES DE LA TERRE, par E. CAUSTIER. — Vol. de 432 pages, illustré de 354 gravures. — 4e édition. (*Ouvrage couronné par l'Académie française.*)

L'OR, par H. HAUSER, professeur à l'Université de Dijon. — Vol. de 380 pages, illustré de 300 gravures. — 2e édition. (*Ouvrage couronné par l'Académie française.*)

A TRAVERS L'ÉLECTRICITÉ, par G. DARY. — Vol. de 451 pages, illustré de 377 gravures. — 4e édition.

ou telle autre.

H. VUIBERT

LES ANAGLYPH

Broch. 25/16cm, avec fig
sélecteur rouge et vert,

Dans cette brochure on
remarquable invention de
dessin en deux couleurs e
relief saisissant les figures
descriptive, cristallographi

PROG

On trouvera dans l'*Annu*
de tous les programmes qu
trait à l'instruction, aux éc

Programmes des conc

à l'*École supérieure d*
à l'*École spéciale des*
à l'*École pratique d'É*

ES GÉOMÉTRIQUES

es en couleurs et le lorgnon
. . . . 1 fr. 50

xpose, avec figures à l'appui, la
. H. RICHARD, qui, au moyen d'un
d'écrans colorés, montre avec un
le l'espace (géométrie, géométrie
physique, etc.)

RAMMES

e de la Jeunesse la liste et les prix
sont dans le commerce et qui ont
s spéciales et aux carrières.

ions d'admission :

éronautique. . . . . . 0 fr. 30
ravaux publics. . . . 0 fr. 30
ctricité industrielle. . 0 fr. 30

1 fr. 50 net.

www.ingramcontent.com/pod-product-compliance
Ingram Content Group UK Ltd.
Pitfield, Milton Keynes, MK11 3LW, UK
UKHW012040240726
13965UKWH00003B/921

9 782013 541619